Elektronik in der Praxis

Einführung in die
Steuerungs- und Leistungselektronik

von Dipl.-Ing. **Rudolph Wessel**

Mit 148 Bildern und zahlreichen Oszillogrammen

R. Oldenbourg Verlag München - Wien 1971

© 1971 R. Oldenbourg, München

Das Werk ist urheberrechtlich geschützt. Die dadurch begründeten Rechte, insbesondere die der Übersetzung, des Nachdrucks, der Funksendung, der Wiedergabe auf photomechanischem oder ähnlichem Wege sowie der Speicherung und Auswertung in Datenverarbeitungsanlagen, bleiben, auch bei nur auszugsweiser Verwertung, vorbehalten. Werden mit schriftlicher Einwilligung des Verlags einzelne Vervielfältigungsstücke für gewerbliche Zwecke hergestellt, ist an den Verlag die nach § 54 Abs. 2 UG zu zahlende Vergütung zu entrichten, über deren Höhe der Verlag Auskunft gibt.

Satz: R. & J. Blank, München
Druck: Graphische Anstalt E. Wartelsteiner, Garching-Hochbrück
Printed in Germany

ISBN 3-486-38911-4

Inhalt

Vorwort 7
Vorbemerkungen zu den Schaltbildern und Oszillogrammen 9

1. Dioden 11

1.1 Die einfache Diode 11
1.2 Gleichrichterschaltungen 15
1.3 Die Zenerdiode 24

2. Der Transistor 29

2.1 Bezeichnungen, Symbole und Eigenschaften 29
2.2 Verstärkerschaltungen 36
2.3 Stabilisieren von Spannungen 45
2.4 Kippschaltungen 50
2.5 Schalten von Induktivitäten 63
2.6 Logische Schaltungen 64
2.7 Integrierte Schaltungen 74

3. Thyristor und Triac 77

3.1 Eigenschaften des Thyristors 77
3.2 Steuern durch sinusförmige Spannungen 81
3.3 Steuern durch Impulse 87
3.4 Gesteuerte Gleichrichter 94
3.5 Steuern von Wechselstrom mit Thyristor und Triac 97
3.6 Schalten und Steuern bei Gleichstrom 105
3.7 Wechselrichter und Umrichter 112
3.8 Thyristorsteuerungen bei Drehstrom 121
3.9 Allgemeines zur Schaltungstechnik des Thyristors 125

4.	**Meßwertumformer als Geber für Steuerbefehle**	130
4.1	Allgemeines über Meßwertumformer	130
4.2	Ausführungen von Meßwertumformern	132
5.	**Spezielle Steuerungen**	140
5.1	Grundsätzlicher Aufbau einer Steuervorrichtung	140
5.2	Kontaktloses Schalten	149
5.3	Steuern der Spannung bei Generatoren	153
5.4	Steuern von Gleichstromantrieben	156
5.5	Steuern von Drehstromantrieben	161
5.6	Analoge und digitale Steuerung	166

Empfohlene Literatur 170

Vorwort

Viele Fachleute vom Handwerker bis zum leitenden Ingenieur müssen sich heute zunehmend mit Elektronik beschäftigen, obwohl sie keine Fachausbildung auf diesem Gebiet haben. Wer seine Ausbildung vor nur wenig mehr als einem Jahrzehnt abschloß, erfuhr damals über kommerzielle Elektronik, wie man sie heute in jedem Haushalt findet, kaum etwas. Hinzu kommt, daß sich die Elektronik in Bereichen ausgebreitet hat, in denen früher Strom und Spannung keine entscheidende Rolle spielten. Durch diese Entwicklung entstand ein beachtlicher Kreis von Fachleuten, die sich jetzt in die Elektronik einarbeiten wollen oder müssen, ohne Elektroniker im engeren Sinne zu sein. Sie verlangen die für ihre Praxis wichtigen und wesentlichen Informationen ohne große Theorie.

Zwar werden heute Kurse auf diesem Gebiet angeboten, deren Ziel meist der Erwerb des "Elektronik-Passes" ist. Auch hier wird aber meist schon ziemlich viel Theorie verlangt, um die der Elektronik-Fachmann nun einmal nicht herumkommt. Er muß selbstverständlich über Begriffe wie Löcherstrom, Sperrschicht, Elektronendiffusion, Dotierung und vieles mehr Bescheid wissen. Wer sich jedoch, als Praktiker auf anderen Gebieten, über die Elektronik soweit informieren will, wie es für sein Fachgebiet nützlich ist, wird gern auf Ableitungen und Theorie verzichten. Was er jedoch braucht, ist ein großzügiger Überblick über die äußeren Betriebseigenschaften der verschiedenen elektronischen Bauelemente und ihr Zusammenwirken.

Das vorliegende Buch soll diesem Interesse Rechnung tragen. Es bietet für den Handwerker wie für den Ingenieur eine allgemeine Einführung.

Für denjenigen, der Geschmack an der Elektronik gefunden hat und der sich auf unmittelbar anschließenden Gebieten weiterbilden will, ist am Schluß des Buches eine kleine Auswahl geeigneter Fachbücher zusammengestellt.

Nach meiner Erfahrung kommt es bei einer orientierenden Einführung sehr darauf an, das betreffende Gebiet möglichst anschaulich darzustellen. Der Verfasser war daher bemüht, alles einfach und klar, dabei aber immer exakt zu vermitteln. Es genügt meiner Ansicht nach nicht, dem Leser anhand von papierenen Kurven vorzutragen, wie alles sein soll, sondern man soll ihm sagen und zeigen, wie es wirklich ist. Hier ist der Oszillograf ein vortreffliches Mittel, durch das Versuche gerade auf diesem Gebiet erst sinnvoll werden. Um diese Möglichkeiten wirkungsvoll auszunutzen, hat der Verfasser zunächst eigens einen elektronischen Vierfachschalter entwickelt. Dieses Vorsatzgerät zum Oszillografen ermöglicht die gleichzeitige Darstellung von bis zu vier Größen. So wird der Einblick in die Wirkungsweise eines Bauelementes oder einer Schaltung erst wirklich deutlich gemacht.

Gleichzeitig will der Verfasser mit seinem Buch aber auch zu eigenen Versuchen anregen, denn nichts gibt mehr innere Sicherheit auf einem Gebiet, als wenn man es sich durch eigene Versuche erarbeitet. Ein einfacher Oszillograf ist heute billig zu haben. Mit ihm bieten sich schon ausgezeichnete Möglichkeiten, allein, oder besser in einer kleinen Arbeitsgemeinschaft, zu experimentieren. Steht dazu noch ein elektronischer Vierfachschalter zur Verfügung – um so besser. Das vom Verfasser entwickelte Gerät, kann von der Fa. Radio-Fern-Elektronik, 43 Essen, Kettwiger Str. 56, als Bausatz oder fertig bezogen werden. Es kostet weniger als der billigste Oszillograf, so daß seine Beschaffung verhältnismäßig leicht möglich ist.

Natürlich verlangt eine Einführung die konsequente Beschränkung auf das wirklich Wesentliche. Daran möge der Leser denken, dem vielleicht dieses oder jenes zu unvollständig erscheint. Eine Einführung kann eben nur die Grundlage für eigene Weiterarbeit bieten. Was sie nicht sein kann: Ein Nürnberger Trichter für weitreichende Spezialkenntnisse.

Es sind Wunsch und Hoffnung des Verfassers, eine Anregung zur Weiterbildung zu geben.

Übrig bleibt für ihn noch die angenehme Pflicht, dem Verlag für die gewissenhafte buchtechnische Bearbeitung und für die ansprechende Ausführung seines Buches zu danken. Dieser Dank bezieht sich insbesondere auch mit auf die klare Ausführung der Schaltbilder durch den Zeichner des Verlages.

Hagen i. W., im Februar 1971　　　　　　　　　　　　　　　　R. Wessel

Vorbemerkungen zu den Schaltbildern und Oszillogrammen

Wo in den Schaltbildern die Widerstandsbezeichnung R_L vorkommt, bedeutet diese immer den Lastwiderstand, d.h. den eigentlichen Verbraucher. Als Transistoren wurde durchgehend die Type AC 117 verwendet.

Für die einzelnen Bauelemente wurden, mit wenigen Ausnahmen, keine Werte angegeben. Soweit es sich dabei nicht überhaupt nur um Prinzipschaltbilder handelt, sollen dadurch die Leser zu eigenen Überlegungen angeregt werden. Die Daten hängen vielfach auch von den für eigene Versuche zur Verfügung stehenden Mitteln ab, so daß sie evtl. durch Versuche selbst günstig zu ermitteln sind. Auch dort wo Daten angegeben sind, sind diese nur als Vorschlag, niemals als bindend anzusehen. Daten für das Arbeiten nach Prinzipschaltbildern werden für verschiedene Betriebsbereiche zweckmäßig aus einschlägigen Schaltungssammlungen entnommen.

Es wird ausdrücklich darauf hingewiesen, daß für angegebene Schaltungen möglicherweise Patentschutz besteht. Die Schaltungen dürfen daher nicht ohne weiteres für gewerbliche Zwecke — auch nicht im eigenen Betrieb — benutzt werden.

Die Oszillogramme enthalten teilweise bis zu 4 Kurven gleichzeitig. Diese Oszillogramme wurden mit einem vom Verfasser eigens entwickelten elektronischen Vierfachschalter aufgenommen, der den Oszillografen in sehr rascher Folge abwechselnd an die einzelnen elektrischen Größen legt. Dabei wird jede Kurve in Form von etwa 1500 Punkten je Sekunde aufgezeichnet. Die Punkte sind dabei für das Auge, wie für die Kamera, nicht mehr einzeln wahrnehmbar. Nur bei sehr großer Schreibgeschwindigkeit des Oszillografen ist, unter einigen weiteren Voraussetzungen, eine Auflösung in einzelne Punkte erkennbar (Vergl. z.B. Bild 3.7.7 Kurve 2).

Der Oszillograf, bzw. der elektronische Schalter, lag bei allen Aufnahmen am Punkt M (= Masse = Erde) der Schaltung. Meist wurde dadurch die Speisung der Versuchsschaltungen aus dem Netz über einen Trenntrafo nötig. *Die "heißen" Anschlüsse des elektronischen Schalters sind in den jeweils zuge-*

hörigen Schaltbildern durch Zahlen im Kreis gekennzeichnet. Ihnen entsprechen im Oszillogramm die mit den gleichen Zahlen gekennzeichneten Kurven.

Positive Spannungen sind in allen Oszillogrammen in Richtung nach oben aufgezeichnet, negative Spannungen entsprechend nach unten.

1. DIODEN

1.1 Die einfache Diode

Die einfache Diode – kurz als Diode bezeichnet – ist ein Bauelement, das Strom nur in einer Richtung durchläßt, in der anderen Richtung aber stromsperrend wirkt. Ihr Widerstand ist also in der Durchlaßrichtung klein, in der Sperrichtung dagegen sehr hoch, so daß der Rückstrom sehr klein wird.

In der kommerziellen Elektronik werden heute fast ausschließlich Halbleiterdioden mit Germanium oder Silizium als aktivem Material verwendet.

Bild 1.1.1 zeigt das zeichnerische Symbol für die Diode. Dazu ist die Durchlaßrichtung und die Sperrichtung durch Pfeile angedeutet. Danach ist die Diode also in Richtung der Pfeilspitze des Symboles von + nach − stromdurchlässig.

Bild 1.1.1 Symbol für die Diode (Die Stromrichtungspfeile sowie Plus- und Minuszeichen gehören nicht zum Symbol)

In der Kurzbezeichnung wird mit A als erstem Buchstaben Germanium als aktives Material bezeichnet. B bedeutet eine Diode mit Silizium. Als zweiter Buchstabe bezeichnet A die Diode als solche für kleine Leistung. Für Dioden großer Leistung wird die Kennzeichnung Y verwendet. AA steht also für eine Germaniumdiode, BA für eine Siliziumdiode, BY für eine Silizium-Leistungsdiode. Leistungsdioden werden heute für Ströme bis zu mehreren Hundert Ampere bei Sperrspannungen bis etwa 1000 Volt hergestellt.

Weitere Buchstaben und Zahlen kennzeichnen die Typen der jeweiligen Hersteller.

Alle Dioden sind empfindlich gegen Überlastungen durch Strom oder Spannung, auch wenn diese nur sehr kurzzeitig (einige Mikrosekunden) auftreten. Bei Wechselstrom werden die zulässige Strombelastung sowie die zulässige Spannung in Sperrichtung gewöhnlich in Effektivwerten angegeben, vor allem bei Leistungsgleichrichtern, doch muß man sich u.U. im Einzelfall darüber vergewissern, ob in Listen angegebene Werte nicht die kurzzeitigen Höchstwerte sind. In diesem Fall beziehen sie sich also bei Wechselstrom auf den Scheitelwert der Sinuskurve.

Bild 1.1.2 Schaltung zur oszillografischen Aufnahme der Diodenkennlinie

Bild 1.1.2 zeigt eine einfache Schaltung zur Aufnahme der Strom-Spannungscharakteristik einer Diode mit dem Oszillografen. Dabei wird gewöhnlich dem X-Eingang die Spannung an der Diode zugeführt, den Y-Platten die Spannung an einem Vorwiderstand R_v, die dem Strom verhältnisgleich ist. Bild 1.1.3 zeigt die aufgenommene Charakteristik. Während der einen Halbwelle steigt der durchgelassene Strom stark an, während der Spannungsabfall an der Diode in Durchlaßrichtung nur wenig mit dem Strom zunimmt. Während der anderen Halbwelle wird der Strom praktisch vollkommen gesperrt, so daß die volle Spannung der Halbwelle an der Diode liegt. Der Knick ist, wie man sieht, ziemlich scharf.

Legt man an die X-Klemmen des Oszillografen nicht die Spannung an der Diode an, sondern läßt man den Lichtpunkt des Oszillografen durch den eingebauten Zeitgenerator nur in einer Richtung mit gleichmäßiger Geschwindigkeit ablenken (Bild 1.1.4), so erkennt man, wie jeweils immer

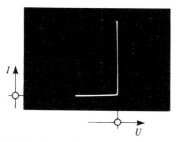

Bild 1.1.3 Diodenkennlinie

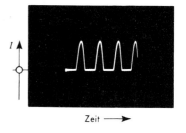

Bild 1.1.4 Durchgelassener Strom bei sinusförmiger Spannung

1.1 Die einfache Diode

nur die Halbwelle der einen Stromrichtung durchgelassen, die der anderen Richtung dagegen gesperrt wird. Die Diode wirkt als elektrisches Ventil, als Gleichrichter.

Die beiden Aufnahmen zeigen jedoch ein etwas anderes Bild, wenn man sie mit einer nur kleinen Wechselspannung von vielleicht 2 ... 3 V macht, die man am Spannungsteiler (Bild 1.1.2) abgreift. Bild 1.1.5 zeigt im Prinzip die gleiche aufgenommene Charakteristik wie Bild 1.1.3, wobei die an R_v und an der Diode abgegriffenen Spannungen jedoch nur etwa 2 V betrugen. Danach wurde die Spannung an der X-Klemme vom Oszillografen abgetrennt und als Doppelbelichtung allein der Strom aufgezeichnet, während von der Spannung an der Diode nur die Nullinie in vertikaler Richtung geschrieben wurde. So erkennt man von ihr aus nach rechts die Durchlaßspannung. Man erkennt aber weiter, daß der Strom (in vertikaler Richtung) überhaupt erst einsetzt, wenn die Spannung in Durchlaßrichtung einen bestimmten Wert überschreitet. Diese Spannung, bei der der Strom erst durchgelassen wird, nennt man die Schleusenspannung der Diode. Sie ist physikalisch mit dem aktiven Material der Diode gegeben und betrug bei der Diode, mit der die Aufnahme gemacht wurde, etwa 0,8 V. Wie erwähnt, nimmt die Durchlaßspannung nach Überschreiten der Schleusenspannung mit dem Strom nur noch wenig zu.

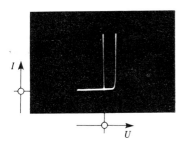
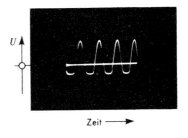

Bild 1.1.5 Diodenkennlinie, mit sehr kleiner Spannung aufgenommen

Bild 1.1.6 Spannungsverlauf an der Diode bei Speisung mit sehr kleiner Sinusspannung

Bild 1.1.6 entspricht der Aufnahme 1.1.4 mit kleiner Spannung aufgenommen, jedoch wurde hier nicht wie in Bild 1.1.4 die Kurve des durchgelassenen Stromes, sondern die Spannung an der Diode aufgenommen, dazu mit Doppelbelichtung wieder die Nullinie der Spannung. Man erkennt, daß die Spannung in Durchlaßrichtung deutlich gleich zu Beginn der Halbwelle bis auf einen bestimmten Wert – die Schleusenspannung – durch Null hindurch ansteigt, dann mit dem während der Halbwelle durchgelassenen Strom nur wenig zu- und wieder abnimmt, bis sie in Sperrichtung wieder voll dem Wert der Speisespannung folgt.

In den Aufnahmen 1.1.3 und 1.1.4 waren diese Vorgänge nicht zu erkennen, weil sie mit einer viel größeren Spannung aufgenommen wurden, gegenüber der die Schleusenspannung nur sehr klein war.

Die Schleusenspannung, die bei zunehmendem Strom in die Durchlaßspannung übergeht und als solche nur wenig zunimmt, kann man dazu benutzen, eine kleine Spannung für einen Verbraucher zu stabilisieren, d.h. unabhängig von einer wechselnden Belastung konstant zu halten. Man braucht die Last ja nur parallel zu der Diode zu legen (Bild 1.1.7). Die Spannung an ihren Klemmen kann dann nicht größer werden als die Durchlaßspannung U_D der Diode. Die letztere wirkt damit also für die Last (den Verbraucher) als Spannungsbegrenzung. Um eine höhere Spannung zu stabilisieren, kann man ohne weiteres mehrere Dioden in Reihe schalten. In diesem Fall wird man in der Regel allerdings die Verwendung einer Zenerdiode bevorzugen, worauf wir aber erst in Kapitel 1.3 eingehen werden.

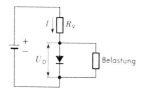
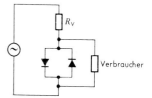

Bild 1.1.7 Einfache Spannungsstabilisierung durch eine Diode

Bild 1.1.8 Spannungsbegrenzung durch Dioden für kleine Wechselspannungen

Schaltet man zwei Dioden in Gegenschaltung, so läßt sich auch eine Wechselspannung stabilisieren (Bild 1.1.8). Man erhält dann allerdings keine Sinusspannung mehr, sondern annähernd eine Rechteckkurve der Spannung. Bild 1.1.9 zeigt die Aufnahme einer solchen Kurve, Bild 1.1.10 zeigt, durch Doppelbelichtung gewonnen, die Begrenzerkurve, wenn die in der Schaltung nach Bild 1.1.8 am Spannungsteiler abgegriffene Sinusspannung zwischen 0,6 und 6 V variiert wurde. Man sieht, wie sich selbst für einen so weiten Bereich der angelegten Sinusspannung die Spannungsbegrenzung durch die

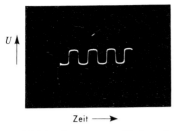 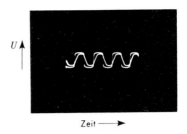

Bild 1.1.9 Spannung am Verbraucher bei der Schaltung nach Bild 1.1.8

Bild 1.1.10 Kurve wie in Bild 1.1.9 bei verschiedener Speisespannung

Diode nur sehr wenig ändert. Daß schon bei einer Sinusspannung von 0,6 V die Begrenzung wirksam wird, obgleich die Schleusenspannung der Diode, wie oben angegeben, etwa 0,8 V betrug, liegt daran, daß bei einem Effektivwert von 0,6 V der Scheitelwert der Halbwelle etwa 0,85 V beträgt, also über der Schleusenspannung der Diode liegt.

Die Begrenzung wird auch bereits bei ganz kurzzeitiger Spannungsüberhöhung wirksam. So sei erwähnt, daß die Bundespost in jedem normalen Fernsprechgerät zwei Dioden in Gegenschaltung parallel zum Hörer legt, so daß plötzliche Störspannungen, die durch das Arbeiten des Wählers oder sonstige Ursachen entstehen können, nicht auf den Hörer gelangen und somit kein überstarkes Knallgeräusch verursachen können.

1.2 Gleichrichterschaltungen

Die Diode, die Strom nur in einer Richtung durchläßt, bildet damit eine Art elektrisches Ventil. Geräte, die diese Eigenschaft ausnutzen, um Wechselstrom in Gleichstrom umzuformen, bezeichnet man als Gleichrichter. Hierfür sind grundsätzlich die Schaltungen nach Bild 1.2.1 bekannt und üblich. Zu ihnen kommt eigentlich noch die Drehstrom-Doppelsternschaltung mit Saugdrossel, die jedoch in der Elektronik praktisch nicht verwendet wird.

Die Einwegschaltung (E-Schaltung) kommt wegen der starken Welligkeit der abgegebenen Gleichspannung (vergl. Bild 1.1.4) ebenfalls nicht bzw. höchstens für sehr kleine Leistungen oder für Spezialzwecke in Frage. Sie besitzt überdies den Nachteil, daß sie einen vorgeschalteten Trafo mit Gleichstrom

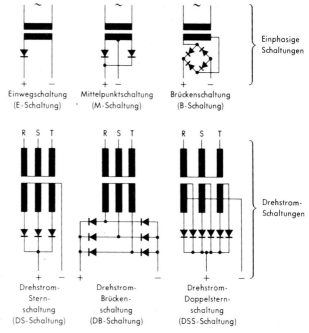

Bild 1.2.1 Gleichrichterschaltungen

belastet und daher vormagnetisiert, so daß er schlecht ausgenutzt ist. Zwar wird eine einzelne Diode an vielen Stellen in elektronischen Schaltungen verwendet. Diese dient dann aber meist nur dazu, einen Teil eines Stromkreises gegen Rückstrom zu sperren. Über derartige und ähnliche Anwendungen wird zu gegebener Zeit jeweils näher zu sprechen sein.

Die Mittelpunktschaltung (M-Schaltung) für Doppelweggleichrichtung wird da und dort angewendet, wo sie im Einzelfall Vorteile bietet. Als Leistungsgleichrichter kommt sie ebenfalls nur für kleine Leistungen in Frage, da sie den Trafo zwar nicht mit Gleichstrom belastet, ihn jedoch schlecht ausnutzt, weil in seiner Sekundärwicklung in jeder Wicklungshälfte immer nur eine Halbwelle des Stromes fließt. Die Gleichstrombeanspruchung wird dabei trotzdem vermieden, weil die Halbwellen der beiden Wicklungshälften den Kern abwechselnd in verschiedener Richtung umfließen, so daß also eine reine Wechselstrommagnetisierung des Kerns erfolgt. Gerade diese Tatsache wird bei einigen Schaltungen ausgenutzt.

Die Brückenschaltung (B-Schaltung) ist die bei weitem am häufigsten benutzte Gleichrichterschaltung. Auch sie liefert bekanntlich einen pulsierenden Gleichstrom, wobei beide Halbwellen ausgenutzt werden.

Für Drehstrom bildet die Drehstrom-Sternschaltung (DS-Schaltung) das Gegenstück zur E-Schaltung bei einphasigem Wechselstrom. Zwar ist die Welligkeit des abgegebenen Gleichstromes wegen der Dreiphasigkeit geringer. Es bleibt aber die Vormagnetisierung des Trafos mit Gleichstrom und die schlechte leistungsmäßige Ausnutzung.

Die Drehstrom-Brückenschaltung (DB-Schaltung) ist auch bei elektronischen Schaltungen die für Drehstrom am meisten verwendete Gleichrichterschaltung. Sie ergibt eine nur geringe Welligkeit des abgegebenen Gleichstromes und eine gute Ausnutzung des Trafos und kommt daher auch für größte Leistungen in Frage.

Die Drehstrom-Doppelsternschaltung (DSS-Schaltung) liefert eine noch kleinere Welligkeit, weil der Trafo eine 6-phasige Ausgangsspannung liefert. Da jedoch der Trafo hier ebenfalls schlecht ausgenutzt ist, wird auch diese Schaltung in der Elektronik kaum verwendet.

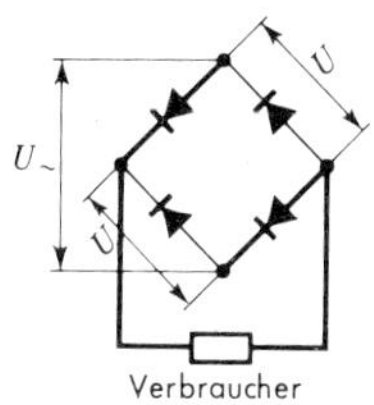

Bild 1.2.2   Stromlauf bei der einphasigen Brückenschaltung

Als Gleichrichterzellen – also Dioden – kommen für nennenswerte Leistungen Siliziumzellen, für geringere Ansprüche aus Preisgründen auch die altbekannten Selenzellen in Frage. Der Selengleichrichter kann je Platte, d.h. je Zelle, eine Wechselspannung bis 25 V – moderne Zellen auch bis zu 30 V – verarbeiten, d.h. seine zulässige Sperrspannung liegt in dieser Größenordnung. Für höhere Spannung schaltet man mehrere Zellen in Reihe, was hier ohne weiteres möglich ist. Dabei ist – vor allem bei der Berechnung einer Brückenschaltung – zu beachten, daß hier während der Sperrzeit jeder Zweig mit der vollen Wechselspannung beansprucht ist. Für die einphasige Brückenschaltung geht das deutlich aus Bild 1.2.2 hervor, wenn man bedenkt, daß die bei der einen Halbwelle durchlässigen Zweige, die im Bild stark gezeichnet sind, abgesehen von der kleinen Durchlaßspannung praktisch als kurzgeschlossen anzusehen sind. Die zulässige Strombelastung je cm² der wirksamen Plattenfläche ist stark von Art und Güte der Kühlung abhängig. Stromüberlastung ist wegen der großen Flächen, die eine Kühlung begünstigen, in Grenzen kurzzeitig möglich. Eine Überspannung jedoch kann zum sofortigen Durchschlag führen. Schäden durch Überstrom wie durch Überspannung sind nicht reparierbar.

Die Silizium-Gleichrichterzelle wird für viel höhere Sperrspannung (bis etwa 1000 V) geliefert. Dadurch kann man mit einer Zelle auskommen, wo beim Selengleichrichter u.U. eine sehr große Zahl von Zellen in Reihe geschaltet werden müßte. Da die Durchlaßspannung je Zelle kleiner ist, sind die Verluste zumal bei der kleineren Anzahl von Zellen kleiner als beim Selengleichrichter (namentlich bei hoher Spannung, wo viele Selenzellen erforderlich sind), und der Wirkungsgrad wird somit bedeutend größer. Der Rückstrom in Sperrichtung ist beim Siliziumgleichrichter ebenfalls viel kleiner.

Die Grenze der zulässigen Strombelastung je Zelle liegt beim Siliziumgleichrichter ebenfalls höher. Es gibt heute Typen für bis zu etwa 1000 A. Mit einer weiteren Steigerung ist aber wohl zu rechnen. Andererseits aber ist die zulässige Grenze sehr scharf. Selbst Strom- oder Spannungsüberlastungen von weniger als einer Millisekunde Dauer können den Siliziumgleichrichter bereits zerstören, wie wir das ja schon im vorigen Kapitel bei den kleinen Siliziumdioden sahen. Aus diesem Grunde ist bei Siliziumgleichrichtern stets eine Schutzbeschaltung erforderlich, bestehend aus einem kleinen Kondensator in Reihe mit einem Widerstand nach Angaben des Herstellers, die zu jeder Gleichrichterzelle parallel zu schalten sind (Bild 1.2.3).

Den Vorteilen des Siliziumgleichrichters gegenüber dem Selengleichrichter steht allerdings ein nicht unwesentlich höherer Preis gegenüber.

Bild 1.2.3 Schutzbeschaltung eines Gleichrichters

Die Anwendung eines Gleichrichters in elektronischen Schaltungen hat gewöhnlich den Zweck, aus dem Wechselstrom des Netzes eine möglichst glatte Gleichspannung zu gewinnen. Über die Welligkeit der von den verschiedenen Gleichrichterschaltungen gelieferten Gleichspannung haben wir oben schon gesprochen. Sie ist für einphasige Schaltungen am kleinsten bei Doppelweggleichrichtern, deren Ausgangsspannung nach Bild 1.2.4 verläuft.

1.2 Gleichrichterschaltungen

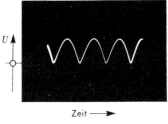
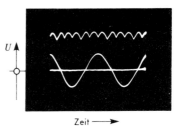

Bild 1.2.4 Spannungsverlauf bei Doppelweggleichrichtung

Bild 1.2.5 Spannungsverlauf bei DB-Schaltung, darunter Spannungsverlauf einer Phase (Die Nullinie gilt für beide Kurven)

Immerhin aber enthält auch diese Kurve noch eine nicht unbeträchtliche "Brummspannung", wie man den Wellengehalt der Gleichspannung heute noch oft bezeichnet, weil er bei elektroakustischen Geräten für den Gehalt an Brummgeräusch bestimmend ist. Für eine Spannungskurve nach Bild 1.2.4 beträgt die Brummspannung 48,5% der mittleren Gleichspannung, was nicht gerade wenig ist, jedenfalls für die meisten Zwecke nicht ausreicht. Am weitaus günstigsten verhält sich in dieser Hinsicht die DB-Schaltung (Bild 1.2.5), da je Periode sechs Halbwellen erzeugt werden, die sich zum größten Teil überlappen, wodurch die Frequenz der Brummspannung auf 300 Hz gebracht wird. Dadurch verbilligen sich die erforderlichen Glättungsmittel, auf die wir sogleich eingehen werden, sehr wesentlich. Zum Vergleich haben wir in Bild 1.2.5 über der gleichen Nullinie, jedoch mit niedrigerer Spannung noch eine Kurve von 50 Hz aufgezeichnet. Die Brummspannung beträgt bei DB-Schaltung nur noch 4,2% der mittleren Gleichspannung. Dafür erfordert die DB-Schaltung allerdings einen erheblich größeren Aufwand, der sich bei nur kleinen und kleinsten Leistungen nicht lohnt.

Um aus einphasigem Strom eine glatte Gleichspannung zu gewinnen, sind in der Regel noch besondere Siebglieder erforderlich, welche die Brummspannung aussieben, indem sie den nachgeschalteten Teil des Stromkreises für die Brumm-(Wechsel-)Spannung kurzschließen und/oder sperren.

Eine wesentliche Wirkung wird bereits durch einen sogenannten Ladekondensator erreicht (Bild 1.2.6), der einfach parallel zum Ausgang des Gleichrichters liegt. Ist hierbei kein Verbraucher angeschlossen, so wird der Ladekondensator auf den Scheitelwert der Gleichstrom-Halbwellen aufgeladen, auf dem sich die Spannung dann konstant hält. Ist ein Verbraucher angeschlossen, so wird der Ladekondensator während der Zeiten, in denen die Gleichrichterspannung niedrig ist, teilweise entladen, wobei er seinen Entladestrom über den Verbraucher schickt. Die Spannung an Kondensator und Verbraucher sinkt daher während dieser Zeiten ab. Wenn die Gleichrichterspannung mit ihrer Halbwelle die inzwischen abgesunkene Gleichspannung übersteigt, so ladet sie den Kondensator erneut auf den Höchstwert der Halbwelle auf. Bild 1.2.7 zeigt diesen Vorgang, aufgenommen mit einer Wechselspannung von 12 V_{eff} mit einem Ladekondensator von $50\mu F$ und einem Verbraucherwiderstand von 1000Ω.

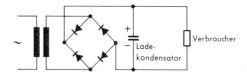

Bild 1.2.6   Glättung hinter dem Gleichrichter durch Ladekondensator

Allerdings ist diese Kurve von einer glatten Gleichspannung noch recht weit entfernt. Sie würde noch schlechter, wenn der Verbraucherwiderstand im Verhältnis zum Wechselstromwiderstand des Kondensators noch kleiner wäre. In gewissen Grenzen könnte man das bei gegebenem Verbraucherwiderstand erreichen, indem man einen Ladekondensator mit erheblich höherer Kapazität wählen würde. Man kann aber mit dieser Kapazität nicht beliebig hoch gehen. Im Moment des Einschaltens bildet der ungeladene Kondensator ja einen Kurzschluß. Es würde daher ein zwar kurzer, aber sehr starker Ladestrom auftreten, durch den der Gleichrichter — namentlich ein Siliziumgleichrichter — zerstört werden könnte.

Besser ist es daher, vor den Kondensator noch einen Widerstand zu schalten (Bild 1.2.8). Dieser Widerstand begrenzt einerseits den Ladestrom beim Ein-

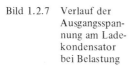

Bild 1.2.7   Verlauf der Ausgangsspannung am Ladekondensator bei Belastung

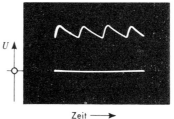

Spannung am Ladekondensator und am Verbraucher

1.2 Gleichrichterschaltungen

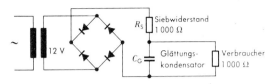

Bild 1.2.8 Glättung durch Siebwiderstand und Glättungskondensator

schalten und wirkt andererseits zusätzlich ausgleichend für die abgegebene Spannung, indem er die jeweilige Nachladung des Kondensators bei jeder Halbwelle verlangsamt. Allerdings geht das dann auf Kosten der abgegebenen Gleichspannung, denn abgesehen von der geringeren Nachladung des Kondensators liegt der zusätzliche Widerstand ja auch in Reihe mit dem Verbraucher und bewirkt daher für ihn auch aus diesem Grunde einen Spannungsverlust. Um das deutlich zu zeigen, haben wir in dem mit den Daten nach Bild 1.2.8 aufgenommenen Oszillogramm (Bild 1.2.9) den Vorwiderstand verhältnismäßig groß gewählt. Praktisch würde man diesen Widerstand natürlich kleiner und dafür evtl. den Ladekondensator größer wählen. Wie man sieht, ist jetzt die abgegebene Spannung zwar noch nicht wirklich glatt, aber immerhin schon wesentlich besser als in Bild 1.2.7. Sie zeigt als Brummspannung auch nicht mehr eine so unregelmäßige Kurve mit schnellem Anstieg und langsamem Abfall, sondern fast eine Sinusform als Folge der ausgleichenden Wirkung des Vorwiderstandes vor dem Kondensator.

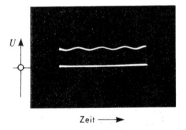

Bild 1.2.9 Spannungsverlauf am Ausgang der Schaltung nach Bild 1.2.8

Eine wesentliche Verbesserung bis zu einer praktisch vollkommen glatten abgegebenen Gleichspannung erhält man, wenn man vor den Widerstand doch noch einen Ladekondensator C_L schaltet (Bild 1.2.10). Ein Oszillogramm hierzu erübrigt sich, da auf einem solchen nur eine geradlinige Spannungskurve zu sehen wäre, die nichts besonderes bieten würde. Praktisch wählt man den Ladekondensator meist größer als den hinter dem Siebkon-

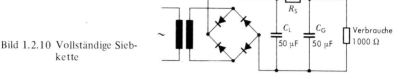

Bild 1.2.10 Vollständige Siebkette

densator liegenden, dann als "Glättungskondensator" bezeichneten Kondensator, beide möglichst so groß, daß der Siebwiderstand (wegen des durch ihn bedingten Spannungsabfalls) möglichst klein gehalten werden kann, andererseits aber auch wieder nicht zu groß, um den Einschaltstrom über den Gleichrichter nicht zu groß werden zu lassen. Evtl. muß man den Gleichrichter dabei etwas überbemessen, das aber wieder nicht so stark, daß sein Rückstrom unnötig groß wird.

Gelegentlich kann es interessant sein, ein Siebglied so zu bemessen, daß hinsichtlich der Brummspannung am Ausgang bestimmte Bedingungen eingehalten werden. Maßgebend hierfür ist der sogenannte Siebfaktor S. Er bezeichnet das Verhältnis der Brummspannung am Eingang des Siebgliedes zur Brummspannung am Ausgang. S ist also immer größer – möglichst viel größer! – als 1. Es ist für Doppelweggleichrichtung mit den Bezeichnungen nach Bild 1.2.10

$$S = \frac{R_s + \frac{1}{2\pi \cdot f \cdot C_G}}{\frac{1}{2\pi \cdot f \cdot C_G}} \qquad (C_G \text{ in Farad}).$$

Da R_S gewöhnlich viel größer gemacht wird als

$$\frac{1}{2\pi \cdot f \cdot C_G},$$

kann man genügend genau einfacher rechnen

$$S = 2\pi f \cdot R_S \cdot C_G,$$

worin f die Frequenz der Brummspannung ist, bei Doppelweggleichrichtung und 50 Hz der Speisespannung also 100 Hz.

Die Brummspannung am Eingang ist nun natürlich durch die Belastung sowie auch durch die Größe des Ladekondensators C_L bedingt. Für den mittleren Gleichstrom I in mA und den Ladekondensator C_L in μF ist bei Dop-

pelweggleichrichtung der Effektivwert der Brummspannung am Ladekondensator.
$$U_{Br} = \frac{I}{C_L} \cdot 1{,}8$$
in Volt.

Zur Verdeutlichung sei ein Beispiel durchgerechnet. Verlangt sei eine Gleichspannung von 12 V bei einem Strom von 10 mA. Die Brummspannung am Ausgang soll nicht größer sein als 0,1% der Gleichspannung, also nicht größer als 0,012 V.

Nehmen wir einen Ladekondensator von 500 µF an, so wird der Effektivwert der Brummspannung am Ladekondensator
$$U_{Br} = \frac{10}{500} \cdot 1{,}8 = 0{,}036 \text{ V}.$$

Da 0,012 V verlangt werden, so muß sein
$$S = \frac{0{,}036}{0{,}012} = 3.$$

Aus
$$S \approx 2\pi \cdot f \cdot R_S \cdot C_G$$
folgt
$$R_S \cdot C_G \approx \frac{S}{2\pi \cdot f} = \frac{3}{2\pi \cdot 100} \approx 0{,}48 \cdot 10^{-2}.$$

Wählt man etwa $C_G = 100\,\mu F = 100 \cdot 10^{-6}$ Farad, so erhält man hiermit
$$R_S = \frac{0{,}48 \cdot 10^{-2}}{100 \cdot 10^{-6}} = 48\,\Omega.$$

Die Brummspannung am Eingang, d.h. am Ladekondensator, hatten wir oben bereits zu 0,036 V berechnet. Das war der Effektivwert. Bei einer Kurve etwa nach Bild 1.2.7 kann man rechnen, daß die Differenz zwischen Höchstwert und Niedrigstwert — in der Oszillografentechnik sagt man der "ss-Wert", — d.i. der Wert von der unteren Kurvenspitze zur oberen Kurvenspitze — etwa dreimal so groß ist wie der Effektivwert. Er wird in diesem Fall also $3 \cdot 0{,}036 \approx 0{,}11$ V. Mit genügender Genauigkeit kann man ferner annehmen, daß der Mittelwert der Gleichspannung in der Mitte zwischen Höchstwert und Niedrigstwert liegt (was mathematisch genau natürlich nicht ganz richtig ist). Der Höchstwert muß also um 0,055 V über dem Mittelwert der Gleichspannung liegen. Letzterer ist um den Spannungsabfall an R_S, d.h.

um $10 \cdot 10^{-3} \cdot 48 = 0{,}48$ V höher als die verlangte Spannung von 12 V. Er beträgt somit 12,48 V, und damit muß der Höchstwert der Spannungshalbwellen hinter dem Gleichrichter $12{,}48 + 0{,}055 \approx 12{,}54$ V betragen.

Hierzu kommt der Spannungsabfall am Gleichrichter. Beim Brückengleichrichter liegen immer zwei Gleichrichterstrecken in der Strombahn in Reihe. Nehmen wir einen Siliziumgleichrichter an mit einer Durchlaßspannung von (vorsichtshalber!) 0,9 V je Zelle, so beträgt der Spannungsabfall an der Brücke also etwa 1,8 V, so daß der Spannungshöchstwert $12{,}54 + 1{,}8 \approx$
$\approx 14{,}4$ V betragen muß. Der Effektivwert ist dann $14{,}4 : \sqrt{2} = 10{,}2$ V. Für den Spannungsabfall im Trafo kann man bei einem so kleinen Trafo vielleicht mit 6% rechnen, das macht bei einer ungefähren Trafospannung von 10 V einen Spannungsabfall von 0,6 V. Damit ergibt sich als erforderliche Ausgangsspannung des Trafos $10{,}2 + 0{,}6 \approx 11$ V_{eff}. Gewöhnlich erhält man derartige Trafos allerdings nur für eine Ausgangsspannung von 12 V. Man müßte dann also den Widerstand R_S etwas größer wählen, so daß der größere Spannungsabfall am Ende des Siebes 12 V ergibt. Allerdings wird die Ausgangsspannung damit etwas stärker belastungsabhängig. Falls das stört, muß man die Spannung stabilisieren, womit sich gleichzeitig die Siebmittel kleiner halten lassen. Geeignete Stabilisierungsschaltungen werden wir noch kennenlernen.

Bei Drehstrom und Brückenschaltung haben wir, wie Bild 1.2.5 zeigte, eine im Vergleich zur Gleichspannung nur sehr geringe Welligkeit. Sie kann für viele Zwecke hingenommen werden, wie sie ist, so daß keine besonderen Siebglieder erforderlich werden. Kann jedoch auch diese geringe Welligkeit nicht hingenommen werden, so genügt gewöhnlich eine Vorschaltdrossel als Wechselstromwiderstand im Gleichstromkreis, zumal es sich bei mit Drehstrom betriebenen Anlagen, wie z.B. motorischen Antrieben, meist um größere Leistungen handelt. Auf einen Kondensator kann man dann meist verzichten. Beispiele hierfür werden wir später sehen.

1.3 Die Zenerdiode

Außer der einfachen Diode, die wir bisher kennengelernt haben, wurden für Zwecke der elektronischen Technik noch mehrere weitere Arten von Dioden entwickelt. Von ihnen am meisten verbreitet ist die Zenerdiode, auch Referenzdiode genannt.

1.3 Die Zenerdiode

In Kapitel 1.1 haben wir gesehen, daß die einfache Diode für den Strom in der einen Richtung durchlässig, in der anderen Richtung sperrend wirkt. In Durchlaßrichtung besitzt sie eine Schleusenspannung, die als Durchlaßspannung bei zunehmendem Strom kaum noch zunimmt. In dieser Hinsicht verhält sich die Zenerdiode nicht anders.

In Sperrichtung ist die einfache Diode praktisch für den Strom undurchlässig, d.h. es fließt nur ein kleiner Rückstrom in Höhe von wenigen Promille des zulässigen Durchlaßstromes. Liegt die Diode an einer Wechselspannung, so tritt während der ganzen gesperrten Halbwelle daher die volle Spannung dieser Halbwelle auf.

Hier verhält sich die Zenerdiode grundsätzlich anders. In Durchlaßrichtung wirkt sie zwar wie eine gewöhnliche Diode und auch in Sperrichtung tritt zunächst ebenfalls die volle Spannung an den Elektroden auf. Überschreitet die anliegende Spannung aber eine bestimmte Höhe, so tritt ein Durchbruch auf. Von dieser Spannung ab wird die Zenerdiode auch in der eigentlichen Sperrichtung stromdurchlässig, wobei die Durchbruchspannung, hier als "Zenerspannung" bezeichnet, auch bei zunehmendem Strom praktisch konstant bleibt. Die Zenerdiode verhält sich also in Sperrichtung, sobald ihre Zenerspannung überschritten ist, wie die einfache Diode in Durchlaßrichtung mit dem weiteren Unterschied, daß die Zenerspannung je nach Type meist viel höher liegt (bis annähernd 100 V) als die Durchlaßspannung der einfachen Diode.

Um die Zenerdiode nicht unnötig zu belasten, ihre zulässige Verlustleistung aber doch wieder voll auszunutzen, vermeidet man bei ihr den Betrieb in Durchlaßrichtung, wo sie ja sowieso praktisch keine besondere Wirkung hätte, und betreibt sie ausschließlich in Sperrichtung mit Gleichstrom, bzw. bei Wechselstrom hinter einem Gleichrichter (Bild 1.3.1). Liegt die Zenerspannung unterhalb des Scheitelwertes einer anliegenden sinusförmigen Spannungshalbwelle, so erhält man an der Zenerdiode für die Spannung eine

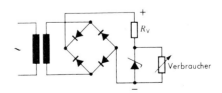

Bild 1.3.1 Schaltung der Zenerdiode

nahezu trapezförmige Kurve (Bild 1.3.2). Für den überschießenden Teil der Halbwelle würde die Zenerdiode daher einen glatten Kurzschluß bedeuten. Daraus folgt, daß man sie immer nur über einen Vorwiderstand betreiben darf. Die überschießende Spannung tritt dann als Spannungsabfall an dem Vorwiderstand auf, so daß dieser die Höhe des fließenden Stromes bestimmt und dementsprechend gewählt werden muß. Die speisende Spannung wählt man zweckmäßig gewöhnlich um etwa 50 % höher als die Zenerspannung.

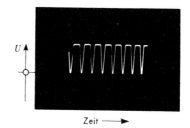

Bild 1.3.2 Trapezförmige Spannungskurve an der Zenerdiode

Ähnlich wie wir es früher schon bei der Verwendung der einfachen Diode als Spannungsbegrenzer sahen, benutzt man die Zenerdiode dazu, die Spannung an einem Verbraucher unabhängig von seiner evtl. schwankenden Stromaufnahme und unabhängig von Schwankungen der Speisespannung zu stabilisieren. Die hierfür zu beachtenden Gesichtspunkte seien an einem Beispiel näher aufgezeigt.

Verlangt sei an einem Verbraucher (Bild 1.3.1) eine konstante Gleichspannung von 12 V bei einer Stromaufnahme des Verbrauchers zwischen 0 und 50 mA. Für die Speisung stehe eine Gleichstromquelle zur Verfügung, deren normale Spannung von 18 V um ±2 V schwanken kann, z.B. infolge schwankenden Stromverbrauches anderer Verbraucher. Dann wäre folgendes zu überlegen:

Bei niedrigster Speisespannung, also bei 18 V – 2 V = 16 V, muß am Verbraucher noch die verlangte Spannung von 12 V sichergestellt sein, wenn dieser seinen höchsten Strom von 50 mA aufnimmt. Parallel zum Verbraucher liegt die Zenerdiode mit 12 V Zenerspannung. Zur Sicherheit wollen wir festlegen, daß auch bei höchster Stromaufnahme des Verbrauchers durch die Zenerdiode immer noch ein Strom von 5 mA fließen soll (vergl. Bild 1.3.1). Dann nehmen Verbraucher und Zenerdiode zusammen also einen Strom von

50 mA + 5 mA = 55 mA auf, und bei diesem Strom muß die Spannungsdifferenz zwischen 16 V Speisespannung und 12 V Verbraucherspannung, also 4 V, als Spannungsabfall am Vorwiderstand R_v verbraucht werden. Dieser muß daher einen Widerstand

$$R_v = \frac{4\,\text{V} \cdot 1000}{55\,\text{A}} = 73\,\Omega$$

besitzen.

Es ist nun zu berechnen, welche Strombelastung die Zenerdiode aushalten können muß. Dieser Strom wird zweifellos am größten werden, wenn die Speisespannung gerade ihren Höchstwert von 18 V + 2 V = 20 V besitzt und der Verbraucher gerade keinen Strom aufnimmt. Damit die Spannung am Verbraucher auch dann nicht höher wird, muß am Vorwiderstand von 73 Ω die Spannungsdifferenz von 20 − 12 = 8 V abfallen. Dafür ist nach dem ohmschen Gesetz ein Strom erforderlich von

$$I = \frac{U}{R_v} = \frac{8\,\text{V}}{73\,\Omega} = 0{,}11\,\text{A} = 110\,\text{mA}.$$

Da der Verbraucher, wie angenommen, hierbei keinen Strom aufnimmt, muß dieser volle Strom von der Zenerdiode aufgenommen werden. Wir werden also zur Sicherheit vielleicht eine Zenerdiode für einen Zenerstrom von 125 mA wählen, womit sich für die Zenerdiode eine maximale Verlustleistung von 12 V·0,125 A = 1,5 W ergibt, für die sie bemessen sein muß.

Weitere Kontrollen sind nicht notwendig, denn wenn bei niedrigster Speisespannung der Verbraucher keinen Strom aufnimmt, so fließt der Strom von 55 mA (s.o.) allein durch die Zenerdiode, was weit unter der für sie zulässigen Grenze liegt. Nimmt umgekehrt der Verbraucher bei höchster Speisespannung 50 mA auf, so wird die Zenerdiode um diese 50 mA entlastet, so daß sie statt von 110 mA nur von 110 mA − 50 mA = 60 mA durchflossen wird.

Zu beachten wäre allerdings noch, daß für Zenerdioden die Toleranz für die Einhaltung der Zenerspannung meist etwa ±10 % beträgt. Es empfiehlt sich daher, sich bei Rechnungen wie der oben durchgeführten immer einen gewissen Spielraum vorzubehalten und nicht bis an die äußerste Grenze der Belastbarkeit sowohl des Widerstandes wie der Zenerdiode selbst zu gehen.

Die Zenerdiode ist also ein ausgezeichnetes Mittel, eine Spannung konstant zu halten, sofern nur die speisende Spannung ausreichend hoch ist. Sie kann daher auch zur Glättung einer durch Siebmittel nicht genügend geglätteten Gleichspannung benutzt werden, so daß die Siebmittel knapper bemessen und evtl. billiger werden können. (Bild 1.3.3)

Das zeichnerische Symbol für die Zenerdiode haben wir in Bild 1.3.1 bereits benutzt, so daß es hieraus zu ersehen ist. Da die Zenerdiode betriebsmäßig in Sperrichtung arbeitet, zeigt hier die Spitze des Symbols in Richtung auf den Pluspol zu.

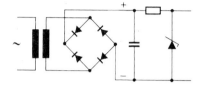

Bild 1.3.3 Glättungseinrichtung mit
           Ladekondensator und
           Zenerdiode

2. DER TRANSISTOR

2.1 Bezeichnungen, Symbole und Eigenschaften

Der Transistor ist ein verstärkend wirkendes Halbleiter-Bauelement. Er besitzt nach außen drei Anschlüsse, die als Emitter, Basis und Kollektor bezeichnet werden.

Seinem Verhalten nach ist der Transistor eine steuerbare Diode. Das bedeutet, daß er für die eine Stromrichtung grundsätzlich sperrend wirkt. Für die entgegengesetzte Stromrichtung jedoch ändert er seinen Durchlaßwiderstand abhängig vom Strom über die Basis.

Es gibt jedoch im Prinzip zwei Arten von Transistoren mit entgegengesetztem Verhalten, den pnp-Transistor und den npn-Transistor. Der pnp-Transistor läßt die Stromrichtung Plus – Minus in Richtung vom Emitter zum Kollektor unter gewissen, sogleich zu besprechenden Voraussetzungen durch, während er in Richtung vom Kollektor zum Emitter sperrt. Der Pluspol der Gleichstromquelle für die Emitter-Kollektorstrecke muß bei ihm also immer auf der Emitterseite liegen, der Minuspol auf der Kollektorseite. Gerade das Umgekehrte gilt für den npn-Transistor. Er sperrt, wenn der Pluspol auf der Emitterseite und der Minuspol auf der Kollektorseite liegt. Liegt der Minuspol auf der Emitterseite und der Pluspol auf der Kollektorseite, so läßt er den Strom von Plus nach Minus bei gegebenen Voraussetzungen durch. Wie das im einzelnen zu verstehen ist, werden wir sogleich sehen.

Entsprechend diesem grundsätzlichen Unterschied werden die beiden Arten von Transistoren auch in ihren zeichnerischen Symbolen unterschieden. So zeigt Bild 2.1.1 a das Symbol für einen pnp-Transistor, Bild 2.1.1 b das Symbol für einen npn-Transistor. Wie man sieht, unterscheiden sich die beiden Symbole nur durch die Pfeilrichtung für die Kennzeichnung des Emitters (E).

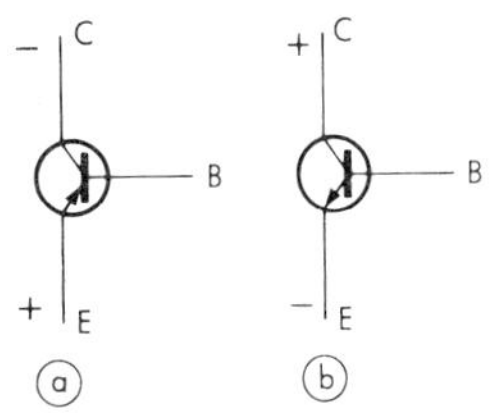

Bild 2.1.1 Symbole für den Transistor

Der Pfeil zeigt wie bei der Diode immer den Strom in Durchlaßrichtung von Plus nach Minus an. Die Basis (B) und der Kollektor (C) bleiben ohne weitere Kennzeichnung. Der Einfachheit halber wird auch der Kreis um die Anschlüsse herum vielfach fortgelassen, so daß also nur die Anschlüsse als solche angedeutet werden.

Unklar bleibt hiernach zunächst, welcher Anschlußdraht an einem Transistor, den man vor sich hat, der Emitter, welcher die Basis und welcher der Kollektor ist. Gegebenenfalls findet man diese Bezeichnungen in den Listen der Firmen tabellarisch zusammengestellt. Sehr häufig ist jedoch der Anschluß für den Kollektor durch einen farbigen Punkt am Gehäuse gekennzeichnet. Ihm gegenüber liegt dann der Anschluß des Emitters und zwischen beiden der Basisanschluß. Häufig liegen auch die Anschlußdrähte für Emitter und Basis etwas enger beieinander, wobei dann wieder der mittlere der drei Drähte der Anschluß für die Basis ist.

Nicht ohne weiteres zu erkennen ist allerdings, ob es sich um einen pnp- oder um einen npn-Transistor handelt. Sofern man das nicht aus einer Firmenliste für die jeweilige Type entnehmen kann, läßt sich die Art des Transistors jedoch mit Hilfe eines Universalinstrumentes mit Einrichtung zur Widerstandsmessung leicht feststellen. Man legt beispielsweise den Pluspol des Instrumentes an den Emitter, den Minuspol an die Basis, wobei der Widerstandsmeßbereich für hohe Widerstände einzustellen ist. Zeigt das Instrument einen kleinen Widerstand, so handelt es sich um einen pnp-Typ. Ein sehr hoher, praktisch unendlich hoher Widerstand zeigt einen npn-Typ an. Hierbei ist jedoch zu beachten, daß bei diesen Instrumenten die Polarität der Anschlüsse bei Widerstandsmessung umgekehrt ist wie bei der Einstellung für Spannungs- oder Strommessung. Schließt man also z.B. für die Messung einer Spannung die rote Anschlußleitung an den Pluspol des Instrumentes an, so daß dieses nach der richtigen Seite ausschlägt, wenn man das andere Ende der roten Leitung an den Pluspol der zu messenden Stromquelle legt, so liefert diese rote Anschlußleitung bei Widerstandsmessung den Minuspol der eingebauten Batterie, die schwarze Anschlußleitung den Pluspol.

Die Eignung eines Transistors für verschiedene Zwecke sowie die Art des Halbleitermaterials, aus dem er aufgebaut ist, geht aus dem Symbol nicht hervor, wohl dagegen aus der Buchstabenbezeichnung in den Listen der Hersteller. Hier kommt es insbesondere auf die ersten beiden Buchstaben an. Der erste Buchstabe bezeichnet das Material. A bedeutet einen Transistor

auf der Basis von Germanium, B bedeutet einen Transistor auf der Basis von
Silizium. Das ist also die gleiche Bezeichnungsart wie bei der Diode (vergl.
S. 11).

Der zweite Buchstabe bezeichnet die besondere Eignung. A als zweiter Buchstabe bezeichnet, wie wir schon sahen, eine Diode. Der zweite Buchstabe C bedeutet einen Transistor für Niederfrequenz, also bis zu wenigen Tausend Hertz. D als zweiter Buchstabe bezeichnet einen Leistungstransistor für Leistungen von wenigen Watt, die heute jedoch in Sonderfällen bis etwa 100 Watt reichen können. F ist ein Hochfrequenztransistor, L ein Hochfrequenz-Leistungstransistor, S ein Schalttransistor, der besonders geeignet ist, von einem konstanten Zustand (z.B. voll sperrend) in einen anderen, wieder konstanten Zustand (z.B. voll durchlassend) sehr schnell umzuspringen, und das noch bei sehr hohen Frequenzen. U bedeutet ebenfalls einen Schalttransistor, jedoch für größere Leistung. Für den Hochfrequenz-Leistungstransistor kommt jedoch regelmäßig als dritter Buchstabe noch ein Z hinzu, für Schalttransistoren ein Y.

Wir stellen der besseren Übersicht halber nochmals zusammen:

AA	bzw. BA	= Germanium- bzw. Silizium-Diode
AC	bzw. BC	= Germanium- bzw. Silizium-NF-Transistor
AD	bzw. BD	= Germanium- bzw. Silizium-Leistungstransistor
AF	bzw. BF	= Germanium- bzw. Silizium-HF-Transistor
ALZ	bzw. BLZ	= Germanium- bzw. Silizium-HF-Leistungstransistor
ASY	bzw. BSY	= Germanium- bzw. Silizium-Schalttransistor
AUY	bzw. BUY	= Germanium- bzw. Silizium-Leistungs-Schalttransistor

Für ältere Typen sind vielfach noch andere Buchstabenbezeichnungen in Gebrauch. Weitere Buchstaben und Zahlen hinter den obigen Bezeichnungen kennzeichnen die verschiedenen Typen der verschiedenen Hersteller innerhalb der obigen Transistorarten.

Nach diesen etwas trockenen aber notwendigen Ausführungen wenden wir uns nun wieder den allgemeinen Eigenschaften und dem Verhalten des Transistors zu.

Der Transistor sperrt auch in Durchlaßrichtung, solange die Basis gegen den Emitter entgegengesetzte Polarität besitzt wie der Kollektor, oder wenn sie auch nur über einen nicht zu großen äußeren Widerstand mit dem Emitter verbunden ist. Fließt jedoch ein sehr geringer Strom über die Basis-Emitterstrecke, so wird die sperrende Wirkung um so mehr aufgehoben, je stärker dieser "Basisstrom" wird, d.h. der "Kollektorstrom" über die Kollektor-Emitterstrecke nimmt zu, vorausgesetzt natürlich, daß dieser Strom durch eine Gleichstromquelle mit entsprechender Polung geliefert wird.

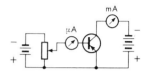

Bild 2.1.2 Bestimmung der Kurzschlußstromverstärkung beim Transistor

Man kann nun beispielsweise in der Schaltung nach Bild 2.1.2 den Kollektorstrom abhängig vom Basisstrom messen. Dabei stellt man fest, daß der Kollektorstrom ganz erheblich stärker ist als der Basisstrom. Der erstere liegt gewöhnlich in der Größenordnung von mA, der letztere in der Größenordnung von einigen μA. Es findet also zwischen Basisstrom und Kollektorstrom bei einer Änderung des ersteren eine erhebliche Verstärkung des Stromes statt. Man nennt das Verhältnis der Ströme in diesem Fall die "Kurzschluß-Stromverstärkung". Sie ist eine der kennzeichnenden Größen für eine bestimmte Transistortype.

In Bild 2.1.3 haben wir nun oszillografisch den Kollektorstrom I_{CE} zwischen Kollektor und Emitter abhängig von der zwischen Kollektor und Emitter liegenden Kollektorspannung aufgenommen. Dabei haben wir den Basisstrom nacheinander auf fünf verschiedene Größen eingestellt. So haben wir also für jeden eingestellten und belassenen Basisstrom eine Kurve erhalten, die den Kollektorstrom abhängig von der Kollektorspannung darstellt. Die Meßschaltung ist in Bild 2.1.4 dargestellt. Den Spannungsabfall am Widerstand R_E haben wir dabei den Y-Platten, die Spannung am Kollektor den X-Platten des Oszillografen zugeführt. Um sicherzugehen, daß der Transistor nicht durch einen zu hohen Kollektorstrom überlastet werden konnte bzw. daß die von dem untersuchten Transistor aufgenommene Verlustleistung (Spannung zwischen Kollektor und Emitter × Kollektorstrom) nicht zu groß werden konnte und der Transistor so evtl. zerstört worden wäre, haben wir außerdem noch im Kollektorkreis den Widerstand R_A eingefügt.

Die Kurven nach Bild 2.1.3 lassen nun folgendes erkennen. Beim Basisstrom 0 fließt überhaupt kein Kollektorstrom, so hoch die anliegende Spannung auch sein mag (waagerechte Gerade durch den Nullpunkt). Bei einem Basisstrom von 16,5 µA steigt der Kollektorstrom schon bei sehr kleiner Kollektorspannung, die im Oszillogramm (nach rechts zu) kaum noch zu erkennen ist, von 0 auf einen Wert von 2,35 mA an. Im Bereich dieser kleinen Kollektorspannung ergibt sich damit also im Kollektorkreis gegenüber dem Basiskreis eine Verstärkung des Stromes im Verhältnis $\frac{2,35}{0,0165}$ oder 1 : 143.

Jetzt folgt aber etwas Auffälliges. Der Kollektorstrom stieg von 0 auf 2,35 mA, wie wir bereits sagten, bei einer sehr kleinen Kollektorspannung. Nimmt aber jetzt die Kollektorspannung, wie sie der Gleichrichter in Bild 2.1.4 liefert, bis 8,6 V zu, so ändert sich damit der Kollektorstrom nur noch sehr wenig. Er bleibt von der Höhe der Kollektorspannung nahezu unberührt, und nichts anderes würden wir feststellen, wenn wir die Kollektorspannung noch weiter bis an die Grenze erhöhen würden, bei der die vom Transistor aufgenommene Verlustleistung gerade noch zulässig ist. Bei höherem Basisstrom — wir sind bei der Aufnahme bis 53 µA gegangen — wird zwar die Kurve namentlich in dem ersten, jeweils noch in der Aufnahme erfaßten Teil zunehmend etwas steiler, aber sie bliebt immer noch flach.

Durch die Höhe des Basisstromes wird also beim Transistor praktisch nur der Kollektorstrom in seiner Stärke gesteuert, mag die Spannung zwischen Kollektor und Emitter so hoch oder so niedrig sein wie sie will. Macht man

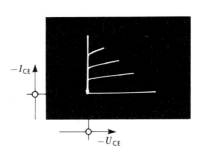

Bild 2.1.3 Oszillografische Aufnahme der Kennlinien eines Transistors

AC 117 $U_{max} = 12,5$ V

$-I_{BE} =$	0	µA	$-I_{CE}$ im Knick =	0	mA
	16,5	"		2,35	"
	28	"		4,18	"
	39	"		6,45	"
	53	"		9,4	"

Die Maßstäbe wurden durch eine besondere Eichaufnahme ermittelt.

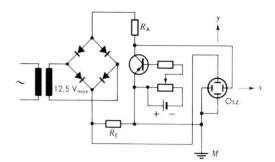

Bild 2.1.4 Schaltung für
die Aufnahme
nach Bild 2.1.3

den Außenwiderstand R_A in Bild 2.1.4 größer, so nimmt zwar der Spannungsabfall an R_A mit zunehmendem Kollektorstrom zu und damit die Spannung am Transistor ab, aber der Kollektorstrom bleibt bei demselben, jeweils eingestellten Basisstrom der gleiche. Die Grenze liegt natürlich da, wo entweder der Kollektorstrom so groß geworden ist, daß die ganze Spannung am Vorwiderstand R_A verbraucht wird, so daß auch ein höherer Basisstrom den Kollektorstrom nicht weiter erhöhen kann, weil der Widerstand R_A das nicht mehr zuläßt, oder beim Kollektorstrom 0, d.h. wenn der Transistor vollkommen sperrt, so daß eine weitere Verkleinerung des Kollektorstromes nicht mehr möglich ist. Durch den zunehmenden Spannungsabfall an R_A in Bild 2.1.4 ist auch die abnehmende Höchstspannung in Bild 2.1.3 zu erklären.

Transistoren werden heute meist für eine Spannung bis ungefähr 30 V geliefert, neuerdings in Sonderfällen bis zu etwa 200 V. Zu beachten ist in jedem Fall außer den zulässigen Spannungen zwischen den einzelnen Elektroden die zulässige Verlustleistung. Alle diese Daten sind von Fall zu Fall u.U. aus den Datenlisten der Hersteller zu entnehmen, die auf Anfrage auch die Charakteristik liefern, wie wir sie in Bild 2.1.3 sahen und verschiedene weitere Charakteristiken, die sich aus der ersten ableiten lassen.

In den Datentabellen der Hersteller oder in sonstigen Tabellen sind immer zweierlei Daten angegeben. Die einen sind die Grenzdaten, von denen kein Wert — auch nicht einzeln — überschritten werden darf, meist auch nicht kurzzeitig. Wenn also für einen Transistor beispielsweise für die Grenzspannung ein Wert von 20 V und für die Grenzleistung eine Leistung von 900 mW angegeben ist, so heißt das nicht etwa, daß der Transistor mit einem Strom von $\frac{0{,}9 \text{ W}}{12 \text{ V}} = 0{,}67 \text{A} = 670 \text{ mA}$ belastet werden darf. Zu beachten ist vielmehr

2.1 Bezeichnungen, Symbole und Eigenschaften   35

auch der angegebene Grenzwert für den Strom, der u.U. tiefer liegen kann, so daß er nur bei niedrigerer Spannung als dem Grenzwert voll ausgenutzt werden kann. Das gleiche gilt entsprechend für den angegebenen Grenzstrom, der nur voll ausgenutzt werden kann bei einer Betriebsspannung, bei der die Verlustleistung nicht größer wird als die als zulässig angegebene Leistungsgrenze.

Außerdem sind immer noch gewisse Kennwerte angegeben, die das Verhalten der betreffenden Type charakterisieren wie z.B. die Kurzschlußverstärkung (s. folgendes Kapitel), die Durchlaßspannung bei kleinem Strom usw.

Für Überlastungen durch kurzzeitige Überspannungsspitzen oder Überstromspitzen gilt grundsätzlich das gleiche, wie bereits bei den Dioden gesagt. Ausserdem aber ist zu beachten, daß die von den Firmen angegebenen Werte immer nur für den gleichzeitig mit angegebenen Temperaturbereich gelten. Der Transistor – vor allem der Germaniumtransistor, weniger der Siliziumtransistor – ist in seinen Eigenschaften nämlich stark von seiner Temperatur abhängig. Diese wiederum hängt außer von der Umgebungstemperatur von der Erwärmung durch die Verlustleistung ab. Um die entstehende Wärme möglichst gut abzuführen und damit die zulässige Verlustleistung erhöhen zu können, wird der Transistor – das gilt insbesondere für Leistungstransistoren – oft mit besonderen Kühlblechen versehen oder auf einen Kühlkörper mit Kühlrippen aufgeschraubt, manchmal auch nur in einen kleinen Kühlkörper aus Kupfer eingeschoben.

Damit sind die wichtigsten Eigenschaften des Transistors dargelegt. Was noch zu sagen ist, ist zwar wiederum eine etwas trockene Materie, aber wichtig zu wissen, wenn man die Listenangaben der Hersteller richtig verstehen und deuten will.

Die verschiedenen Spannungen und Ströme werden meist mit tiefgestellten Buchstaben bezeichnet, um anzugeben, zwischen welchen Elektroden sie als bestehend gelten oder über welche Strecken sie fließen. U_{CB} heißt also soviel wie die Spannung zwischen Kollektor und Basis. Entsprechend ist U_{CE} die Spannung zwischen Kollektor und Emitter, U_{BE} die Spannung zwischen Basis und Emitter. Dabei ist zu beachten, daß die Reihenfolge der tiefgestellten Buchstaben zugleich die Richtung von + nach – bedeutet. $U_{CE} = 12$ V bedeutet also, daß die Spannung zwischen Kollektor und Emitter 12 V beträgt, wobei der Kollektor die positive, der Emitter die negative Seite ist.

Läge andererseits der Kollektor an Minus und der Emitter an Plus, so müßte die Angabe lauten $U_{CE} = -12$ V oder auch, was nach einer einfachen mathematischen Überlegung ja dasselbe ist, $-U_{CE} = 12$ V.

Für den Strom bezeichnet die Reihenfolge der tiefgestellten Buchstaben die Stromrichtung von + nach −. Für einen pnp-Transistor könnte also z.B. angegeben sein $I_{BE} = -30\,\mu A$ oder $-I_{BE} = 30\,\mu A$. Wäre also angegeben $I_{BE} = 30\,\mu A$, so hieße das, daß die Stromrichtung von + nach − von der Basis zum Emitter führte. Die Basis wäre also positiv gegen den Emitter, d.h. es würde sich in diesem Fall um einen Transistor des npn-Typs handeln.

Der Leser, der eingehender mit Transistoren zu tun hat, z.B. um eigene Schaltungen auszuprobieren, und dafür geeignete Transistoren aussuchen will, muß sich mit dieser Deutung der verschiedenen Vorzeichen in den Listenangaben gut vertraut machen.

2.2 Verstärkerschaltungen

Anhand von Bild 2.1.2 hatten wir die stromverstärkende Wirkung des Transistors gesehen. Etwas anfangen können wir mit dieser Schaltung eigentlich aber noch nicht. Nehmen wir den Widerstand der äußeren Schaltung einschließlich des Innenwiderstandes der Stromquelle zu praktisch 0 an, so liegt die gesamte Spannung der Stromquelle des Kollektorkreises allein am Transistor, ob dieser nun sperrt oder schließt. Mit Verändern des Basisstromes erhalten wir also nichts anderes als nur eine Änderung der im Transistor selbst verbrauchten Leistung, die sich aus der Spannung am Transistor und dem vom Transistor durchgelassenen Strom ergibt. Nach außen hin tritt überhaupt nichts in Erscheinung. Natürlich wollen wir ja aber die stromverstärkende Wirkung des Transistors irgendwie auch nach außen hin wirksam machen, d.h. ausnutzen.

Wir sahen, daß für einen bestimmten Basisstrom der Transistor einen bestimmten Strom im Kollektorkreis durchläßt, der von der zwischen Kollektor und Emitter liegenden Spannung nahezu unabhängig ist. Wenn wir nun in den Kollektorkreis − wir wollen zunächst sagen, nur auf der Kollektorseite − einen Widerstand R einfügen (Bild 2.2.1), so tritt jedoch an diesem Widerstand ein Spannungsabfall auf, der nach dem ohmschen Gesetz vom Strom abhängig ist. Damit vermindert sich die am Transistor liegende Spannung um diesen Spannungsabfall. Sie wird – abhängig vom Strom – um den Spannungsabfall am Vorwiderstand R_c kleiner als die Spannung der Stromquelle. Auf den fließenden Strom hat die Änderung der Spannung zwischen Kollektor und Emitter aber, wie wir wissen, keinen oder nur einen geringen Einfluß. Wir können also am Kollektor des Transistors die Spannung U_c verändern, indem wir den Basisstrom verändern. Und da, wie wir sahen, eine kleine Änderung des Basisstromes eine große Änderung des Kollektorstromes bewirkt, so können wir durch eine kleine Änderung des Basisstromes auch eine verhältnismäßig große Änderung der Spannung am Transistor bewirken, die wir nach außen wirksam ausnutzen können. Wie, darüber werden wir gleich noch sprechen.

Die in Bild 2.2.1 dargestellte Schaltung bezeichnet man als "Emitterschaltung" des Transistors, weil bei ihr der Emitter der Punkt M ist, in dem sich der Basisstromkreis und der Kollektorstromkreis berühren. Die Emitterschaltung nutzt also die stromverstärkende Wirkung des Transistors voll aus, da sie von der wechselnden Spannung am Transistor nicht beeinflußt wird, und sie ermöglicht eine stark veränderliche Spannung am Kollektor zwischen der vollen Spannung der Stromquelle des Kollektorkreises und der kleinen Durchlaßspannung des Transistors bei voller Aufsteuerung. Der Transistor ermöglicht also eine hohe Stromverstärkung und eine hohe Spannungsverstärkung, letztere deswegen, weil wegen des kleinen Widerstandes der Basis-Emitterstrecke schon eine sehr kleine Spannungsänderung an der Basis genügt, um eine Änderung des an sich schon kleinen Basisstromes zu bewirken. So kann u.U. eine Änderung der Spannung an der Basis um wenige Millivolt eine Änderung der Spannung am Kollektor um einige Volt bewirken. Das hängt ganz von den speziellen Eigenschaften des jeweiligen Transistors und von der Bemessung der äußeren Schaltung im einzelnen ab.

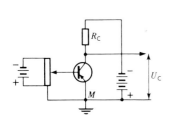

Bild 2.2.1 Emitterschaltung

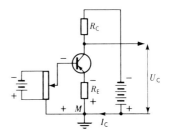

Bild 2.2.2 Gegenkopplung durch Widerstand vor dem Emitter

Da aber Spannung mal Strom eine Leistung ergibt, so ergibt die Emitterschaltung überdies auch noch eine große Leistungsverstärkung, die sich ihrerseits am Widerstand des Kollektorkreises, andererseits auch als Verlustleistung, die im Transistor selbst verbraucht wird, äußern kann. Gerade durch den letzteren Umstand sind u.U. der mit einem bestimmten Transistor praktisch ausnutzbaren Leistungsverstärkung gewisse Grenzen gesetzt. Immerhin aber ist bei günstigen Verhältnissen eine Leistungsverstärkung, d.h. ein Verhältnis von Eingangsleistung zu Ausgangsleistung, bis etwa 1:10 000 erreichbar. Infolge all dieser günstigen Verstärkereigenschaften ist die Emitterschaltung die am meisten verwendete Schaltung für den Transistor.

Ein kleiner Nachteil haftet der Emitterschaltung allerdings an, der sich zwar am meisten bei ihrer Anwendung in der sogenannten Unterhaltungselektronik durch Verzerrungen bei der Übertragung von Musik oder Sprache bemerkbar macht, der sich u.U. aber auch in der Steuerungstechnik gelegentlich auswirken kann. Dieser Nachteil besteht darin, daß die Änderung der Ausgangsgrößen – des Kollektorstromes, der Kollektorspannung oder der Kollektorleistung – doch nicht vollkommen verhältnisgleich den entsprechenden Änderungen der Größen im Basiskreis folgt.

Die Verhältnisgleichheit zwischen Eingangsgrößen und Ausgangsgrößen kann man jedoch wesentlich verbessern durch Einführung einer sogenannten Gegenkopplung, d.h. indem man einen Teil der Ausgangsgröße so auf den Eingang zurückwirken läßt, daß er die Verstärkung um so mehr herabdrückt, je größer die Eingangsgröße ist. Daß eine solche Gegenkopplung sich günstig auf die Verhältnisgleichheit auswirken muß, kann man sich am leichtesten klar machen, wenn man einmal vom Gegenteil ausgeht, der Mit-Rückkopplung. Läßt man nämlich einen Teil der Ausgangsgröße so auf den Eingang zurückwirken, daß er dort im gleichen Sinne wie die ursprüngliche Eingangsgröße wirkt, so wird mit dem so verstärkten Eingang auch der Ausgang stärker. Damit wird auch die Rückwirkung größer, was wieder eine weitere Verstärkung bewirkt usw. Kurzum, die Wirkung vom Eingang zum Ausgang wird immer stärker, so daß man sie schließlich nicht mehr in der Hand hat. Der Verstärker führt von selbst Schwingungen aus, er wird instabil, womit das Verhältnis von Ausgang zu Eingang, d.h. die Verstärkung, von äußeren Umständen abhängt, die nur noch durch besondere Eingriffe zu beherrschen sind.

Macht man daher das Gegenteil, d.h. führt man eine negative Rückkopplung, also eine Gegenkopplung in die Schaltung ein, so erreicht man auch das Gegenteil. Die Verstärkung wird künstlich noch weiter stabilisiert und damit der Ausgang verhältnisgleich zum Eingang. Daß damit der Grad der Verstärkerwirkung verringert wird, muß man allerdings hinnehmen. Man kann ihn aber, wenn nötig, durch eine Erhöhung der Gesamtverstärkung eines mehrstufigen Verstärkers wieder ausgleichen. Darüber werden wir sogleich noch näheres sagen.

Eine Gegenkopplung läßt sich bei der Emitterschaltung — wie auch bei den im folgenden noch zu besprechenden sonstigen Transistorschaltungen — leicht erreichen, indem man dem Emitter den Strom über einen Widerstand R_E zuführt (Bild 2.2.2). Die gegenkoppelnde Wirkung eines solchen Widerstandes ist leicht erklärt.

Wenn man der Basis eine zunehmende Spannung zuführt, so bewirkt diese einen zunehmenden Strom I_c im Kollektorkreis. Dieser Strom fließt auch über den Emitterwiderstand R_E und bewirkt an ihm einen zunehmenden Spannungsabfall. Der Emitter wird also ebenfalls negativer gegen den Fußpunkt M der Basisspannung. Die Erhöhung der letzteren kann somit in bezug auf den Emitter nicht voll wirksam werden, denn der Kollektorstrom ist ja abhängig vom Basisstrom, und dieser wird nicht viel größer, weil der Spannungsabfall am Emitterwiderstand der anliegenden Basisspannung entgegenwirkt. Aus den Vorzeichen der Spannung, die wir in Bild 2.2.2 eingetragen haben, geht das klar hervor. Erreicht wird also in jedem Fall eine geringere oder größere Stabilisierung, die allerdings durch eine größere oder kleinere Verstärkerwirkung erkauft werden muß.

Den Ausgleich der geringeren Verstärkung kann man jedoch durch Anfügen einer weiteren Verstärkerstufe ausgleichen. Die erste Stufe nach Bild 2.2.1 oder 2.2.2 liefert ja auf jeden Fall eine Spannungsänderung am Kollektor. Wenn man diese Spannungsänderung nun der Basis eines zweiten Transistors zuführt (Bild 2.2.3), so wird sie durch diesen weiter verstärkt. Reicht auch das noch nicht aus, so kann man in gleicher Weise eine dritte Stufe oder noch weitere Stufen anfügen, wobei sich der Grad der Verstärkung der einzelnen Stufen jeweils multipliziert (Kaskadenverstärkung).

In Bild 2.2.3 haben wir die sich ändernde Kollektorspannung der Basis des folgenden Transistors einfach direkt zugeführt. Das ist nicht immer möglich, denn schon das Spannungsniveau am Kollektor des ersten Transistors kann u.U. so stark negativ sein, daß es an der Basis des folgenden Transistors lie-

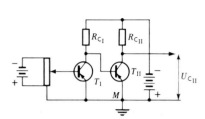
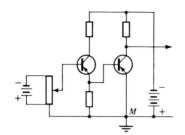

Bild 2.2.3 Einfacher Gleichstromverstärker mit 2 Transistoren

Bild 2.2.4 Gleichstromverstärker mit Kopplung über Emitterwiderstand

gend dessen Kollektorstrom bereits so hoch werden läßt, daß der Spannungsabfall an seinem Widerstand R_{cII} bereits die volle Spannung der Stromquelle verbraucht, so daß der Transistor – der zweite also – überhaupt keine Spannung mehr erhält und daher nicht mehr arbeiten kann.

Die Schaltung nach Bild 2.2.4, bei der die Spannung am Emitter des ersten Transistors der Basis des zweiten Transistors zugeführt wird, kann da schon günstiger sein, weil sie ja immer niedriger ist als die Kollektorspannung. Aber auch sie kann bereits zu hoch liegen.

Eine weitere Möglichkeit zeigt Bild 2.2.5. Hier wird die Spannung an der Basis des zweiten Transistors um die Durchlaßspannung der Diode D niedriger als die Kollektorspannung des ersten. Wenn nötig, kann man hier auch mehrere Dioden in Reihe geschaltet verwenden, so daß ihre Durchlaßspannungen sich addieren, oder man setzt statt mehrerer Dioden eine Zenerdiode ein.

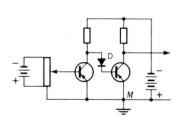
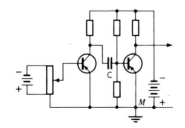

Bild 2.2.5 Gleichstromverstärker mit Kopplung über eine Diode

Bild 2.2.6 Wechselstromverstärker für kleine Eingangsspannung

Alle diese Schaltungen sind für die Verstärkung von Gleichstrom oder von Wechselstrom sehr langsamer Frequenz bestimmt und mehr oder weniger geeignet. Wir werden ihnen später noch mehrfach begegnen. Handelt es sich um die Verstärkung von Wechselstrom, so kann man die pulsierende Spannung am Kollektor des ersten Transistors der Basis des zweiten über einen Kondensator C geeigneter Größe zuführen (Bild 2.2.6). Allerdings würden dann nur die negativen Halbwellen an der Basis des zweiten Transistors wirksam werden, weil die positiven Halbwellen an der Basis desselben diesen einfach sparren würden. Um das zu vermeiden, muß man der Basis eine kleine negative Gleichspannung als Vorspannung zuführen, die man am einfachsten mit Hilfe eines Spannungsteilers wie in Bild 2.2.6 gewinnt. Der zweite Transistor führt dann, auch wenn ihm vom ersten Transistor keine Spannung an der Basis zugeführt wird, also im Ruhezustand, bereits einen gewissen, mittelhohen Kollektorstrom, der durch die über den Kondensator zugeführten Wechselstrom-Halbwellen erniedrigt oder erhöht wird. Meist ist allerdings eine geringe negative Vorspannung auch schon an der Basis des ersten Transistors erforderlich. Nur bei sehr kleiner Eingangsspannung kann sie am ersten Transistor eines mehrstufigen Verstärkers gelegentlich entfallen.

Der Eingangswiderstand des Transistors in Emitterschaltung ist gewöhnlich klein, weil der Widerstand zwischen Basis und Emitter eben meist klein ist. Der Eingangswiderstand kann jedoch durch eine Gegenkopplung, wie beschrieben, erheblich vergrößert werden. Wir sahen ja, daß eine Zunahme der Eingangsspannung dann wegen der Zunahme der Gegenspannung am Emitterwiderstand zum großen Teil unwirksam gemacht wird, so daß sie nur eine geringe Stromzunahme über die Basis bewirkt. Von diesem Mittel, den Eingangswiderstand zu verändern, wollen wir aber zunächst einmal absehen.

Und wie verhält es sich mit dem Ausgangswiderstand? Dazu brauchen wir uns nur nochmals die Charakteristiken nach Bild 2.1.3 anzusehen. Aus ihnen war zu entnehmen, daß eine selbst große Erhöhung der Spannung zwischen Kollektor und Emitter nur eine sehr geringe Erhöhung des Stromes bewirkt. Das heißt aber, daß zumindest der Wechselstromwiderstand des Ausganges sehr hoch ist. Und da es sich ja bei einem Verstärker immer um Änderungen von Spannungen und Strömen handelt, ist der Wechselstromwiderstand entscheidend.

Warum aber eigentlich diese Betrachtungen über Eingangs- und Ausgangswiderstand?

Bei der Übertragung der veränderlichen Kollektorspannung des ersten Transistors auf die Basis des zweiten Transistors erfolgt die Übertragung vom Ausgangswiderstand des ersten Transistors auf den Eingangswiderstand des zweiten. Wir können uns dabei diese Widerstände als in Reihe liegend vorstellen, etwa nach Bild 2.2.7, wobei wir für den zweiten konstant 10 Ohm angenommen haben, während wir dem ersten der Reihe nach die angeschriebenen Werte von 50, 2 und ebenfalls 10 Ohm zugeordnet haben. Es fragt sich nun, um wieviel sich die Spannung am Widerstand R_2 ändert, wenn sich die Spannung am Widerstand R_1 um jeweils 10 % vergrößert. Das ist eine elementare Rechnung, die wir daher hier nicht im einzelnen durchführen wollen. Hier nur das Ergebnis: Im ersten Fall ändert sich die Spannung an R_2 um 7,8 % ihres ursprünglichen Wertes, im zweiten Fall um 1,65 % und im dritten Fall um 15 %. Wir erhalten, wie zu erkennen ist, die günstigste Übertragung einer Spannungsänderung von R_1 auf R_2, wenn $R_1 = R_2$ ist. Günstigste Übertragung erfordert also eine entsprechende Anpassung der Widerstände im Verhältnis 1:1.

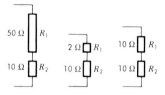

Bild 2.2.7   Widerstandskombination zur Erklärung der zweckmäßigen Anpassung

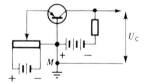

Bild 2.2.8   Basisschaltung

Das bedeutet für unsere Transistorschaltung, daß man die günstigste Übertragung und damit die größte Gesamtverstärkung erhält, wenn der Ausgangswiderstand des ersten Transistors gleich dem Eingangswiderstand des zweiten Transistors ist. Wie wir oben gesehen haben, ist aber bei Emitterschaltung der Ausgangswiderstand groß, der Eingangswiderstand dagegen klein.

Für die Verstärkung von Wechselstrom kann man die Widerstände durch einen Trafo mit entsprechendem Übersetzungsverhältnis aneinander anpassen. Da der Trafo in seinen Wicklungen einen Wechselstromwiderstand besitzt, der sich mit dem Quadrat der Windungszahl ändert, müßte man also für die Übertragung einen Trafo verwenden, der eingangsseitig viele, ausgangsseitig wenige Windungen besitzt, also abwärts übersetzt.

2.2 Verstärkerschaltungen

Das ist jedoch nur möglich, wenn es sich um die Übertragung von Wechselstrom handelt. Überdies ändert sich der Widerstand einer Wicklung für Wechselstrom mit der Frequenz. Für Steuerzwecke handelt es sich jedoch oft um die Übertragung von Gleichstrom oder von Wechselstrom, der nichts weniger als sinusförmig verläuft. Damit entstehen unmögliche Verhältnisse für die Anpassung des Trafos mit seiner Eingangswicklung an den Ausgangswiderstand des ersten Transistors und mit seiner Ausgangswicklung an den Eingangswiderstand des zweiten Transistors. Eine Übertragung von Gleichstrom ist z.B. überhaupt nicht möglich.

Um trotzdem eine günstige Anpassung zu erreichen, muß man daher evtl. andere Transistorschaltungen verwenden, die andere Verhältnisse hinsichtlich Eingangs- und Ausgangswiderstand zeigen. Bild 2.2.8 stellt die sogenannte Basisschaltung dar, so benannt, entsprechend wie bei der Emitterschaltung, weil Basiskreis und Kollektorkreis sich in der Basis des Transistors berühren. Ihr Eingangswiderstand ist klein, ihr Ausgangswiderstand sehr groß, was wir hier nicht, wie wir es bei der Emitterschaltung taten, im einzelnen begründen wollen. Ihre Stromverstärkung ist kleiner als 1, d.h. der Kollektorstrom ändert sich weniger als der Basisstrom. Ihre Spannungsverstärkung entspricht etwa der Verstärkung bei Emitterschaltung, die Leistungsverstärkung ist wegen der geringen Stromverstärkung kleiner als bei Emitterschaltung.

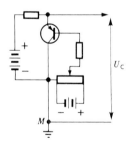

Bild 2.2.9   Kollektorschaltung

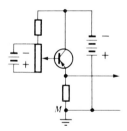

Bild 2.2.10   Andere Ausführung der Kollektorschaltung

Als dritte Grundschaltung kommt ferner noch die Kollektorschaltung nach Bild 2.2.9 in Frage, bei der Basis- und Kollektorkreis sich im Kollektor berühren. Sie wird allerdings gewöhnlich in der Form nach Bild 2.2.10 ausgeführt. Daß die Ausführungen nach Bild 2.2.9 und 2.2.10 untereinander im Grunde gleich sind, erkennt man sofort, wenn man beachtet, daß der innere

Widerstand der Stromquellen – im Basiskreis einschließlich des Spannungsteilers zur Erzeugung der veränderlichen Steuerspannung – als sehr klein gegenüber den übrigen Widerständen anzunehmen ist.

Damit die Basis keinen zu hohen Strom erhält, muß der Widerstand R_B im Basiskreis, d.h. zwischen Kollektor und Basis, sehr groß sein, denn der Basiskreis, der hier von der Steuerspannung über die Basis-Emitterstrecke und die Speisestromquelle des Kollektorkreises führt, enthält ja die verhältnismäßig hohe Spannung im Kollektorkreis.

Der Ausgangswiderstand bei Kollektorschaltung wird dagegen verhältnismäßig klein. Die Stromverstärkung wird deswegen – und wegen des dabei großen Eingangswiderstandes – groß, die Spannungsverstärkung klein, kleiner als 1. Daraus läßt sich dann auch nur eine verhältnismäßig kleine Leistungsverstärkung erzielen, wenn auch größer als 1.

Nachstehend seien die grundsätzlichen Eigenschaften der verschiedenen Grundschaltungen des Transistors zur besseren Übersicht noch einmal in Tabellenform zusammengestellt.

	Emitterschaltung	*Basisschaltung*	*Kollektorschaltung*
Eingangswiderstand	mittel	klein	sehr groß
Ausgangswiderstand	groß	sehr groß	klein
Stromverstärkung	groß	kleiner als 1	groß
Spannungsverstärkung	mittel	groß	kleiner als 1
Leistungsverstärkung	sehr groß	groß	kleiner als 1

Wir haben in dieser Tabelle manchmal "mittel" geschrieben, wo wir vorher vielleicht von "klein" oder "groß" sprachen. Das geschah jedoch mit Absicht, um einen besseren Inhalt für einen Vergleich der Schaltungen untereinander zu geben, denn oben kam es uns ja mehr auf das Grundsätzliche an.

Zum Schluß sei – nur zur Klarstellung – noch eine kurze Bemerkung angefügt. Wenn oben z.B. für die Leistungsverstärkung "groß" angegeben wurde, so heißt das nicht etwa, daß ein Transistor in der betreffenden Schaltung eine große Leistung abgeben kann. Die abzugebende Leistung hängt letzten Endes von der Type des jeweiligen Transistors ab und ist am größten bei einem ausgesprochenen Leistungstransistor. "Leistungsverstärkung groß" bedeutet vielmehr nur, daß das Verhältnis von Ausgangsleistung zu Eingangsleistung groß ist. Ein Leistungstransistor, der eine verhältnismäßig große Leistung abgeben kann, kann daher je nach Schaltung dazu eine bereits verhältnismäßig große Eingangsleistung benötigen, weil seine Leistungsverstärkung eben klein sein kann. Als Vorstufe benötigt er daher u.U. schon einen Transistor für mittlere Leistung, der dann an den meist kleinen Widerstand der Basis-Emitterstrecke – nicht zu verwechseln mit dem obigen Eingangswiderstand einer Schaltung – über einen Trafo entsprechender Leistung, einen sogenannten "Treiber-Trafo", angepaßt werden muß. Eingangs- und Ausgangswiderstand in der obigen Tabelle sind also ebenfalls nur als charakteristisch für die verschiedenen Schaltungen und ihren Vergleich aufzufassen, nicht als absolute Größen, denn der Eingangswiderstand in einer bestimmten Schaltung kann groß sein, obgleich er für den Transistor selbst klein ist.

Und noch etwas. Wir haben unseren Schaltbildern durchweg einen pnp-Transistor zugrundegelegt. Selbstverständlich kann man die gleichen Schaltungen auch mit npn-Transistoren ausführen, wobei dann nur auch die Stromquellen entgegengesetzt gepolt werden müssen wie wir sie gezeichnet haben.

2.3 Stabilisieren von Spannungen

Zwei einfache Verfahren haben wir schon im ersten Abschnitt kennengelernt, die Stabilisierung kleiner Spannungen durch Ausnutzen der Schleusenspannung einer Diode und die Stabilisierung mittels Zenerdiode. Das erste Verfahren ist nur für kleine Spannungen bis etwa 1 Volt brauchbar. Die Zenerdiode gestattet die Stabilisierung von Spannungen bis etwa 100 V, bei Reihenschaltung mehrerer Zenerdioden auch höher, doch ist dieses Verfahren nur für begrenzte Leistungen brauchbar, da Zenerdioden für größere Leistungen nicht verfügbar sind. Eine weitere Grenze liegt darin, daß die Zenerdiode immer einen Vorwiderstand benötigt, an dem ein Spannungsabfall in Höhe von ungefähr einem Drittel der erzeugten Spannung auftritt. Das ist vielleicht weniger bedenklich im Hinblick auf die Stromkosten, die ja sowieso nur klein sind. Bei einer für die Zenerdiode verhältnismäßig großen Leistung treten jedoch im Vorwiderstand Verluste auf etwa in halber Höhe der Nutzleistung, die zur Erwärmung des Gerätes und damit der Zenerdiode beitragen. Dadurch muß die für die Zenerdiode zulässige Leistung entsprechend herabgesetzt werden.

Demgegenüber bietet der Transistor jedoch die Möglichkeit, die Wirkung der Zenerdiode zu verstärken und somit auch bei größeren Leistungen noch eine gute Stabilisierung der Spannung zu erhalten. Unter Ausnutzung von Transistoren sind zahlreiche Schaltungen entwickelt worden, die sowohl Schwankungen der Belastung als auch Schwankungen der Speisespannung, wie sie bei netzgespeisten wie bei batteriegespeisten Geräten immer zu erwarten sind, auskompensieren. Außerdem ist die kompensierte Ausgangsspannung bei vielen Geräten noch in u.U. weiten Grenzen einstellbar. Wir können hier nicht alle diese Schaltungen beschreiben, sondern müssen uns auf eine kurze Erläuterung der zugrundeliegenden Wirkungsweise beschränken, wie sie praktisch allen derartigen Geräten zugrundeliegt, wenn auch bald in einfachster Form für gemäßigte Ansprüche, bald erweitert für besonders hohe Spannung, Leistung oder Genauigkeit.

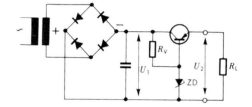

Bild 2.3.1 Durch einen Transistor stabilisiertes Speisegerät

Das Prinzip soll anhand von Bild 2.3.1 erläutert werden. Hierin bedeutet R_L den Widerstand der Belastung, der veränderlich sein kann, wobei aber die an ihm liegende Gleichspannung konstant bleiben soll. U_1 sei die irgendwie – z.B. über einen Gleichrichter mit Siebglied – erzeugte Speisespannung.

Damit bei verändertem Lastwiderstand R_L die Ausgangsspannung gleich bleibt, muß offenbar der die Last durchfließende Strom jeweils so hoch eingestellt werden, daß sich nach dem ohmschen Gesetz die geforderte, gleich bleibende Spannung an der Last ergibt, und das unabhängig von der Höhe der Eingangsspannung U_1.

Als stromsteuerndes Bauelement unabhängig von den Spannungsverhältnissen haben wir den Transistor kennengelernt. Es besteht also die Aufgabe, den vom Transistor durchgelassenen Strom so zu steuern, daß die Ausgangsspannung für jeden Wert der Belastung R_L gleich bleibt. Dazu muß die Höhe der Ausgangsspannung mit einer konstanten Spannung verglichen und der Transistor auf Grund der Differenz beider Spannungen gesteuert werden. Als konstante Vergleichsspannung dient in Bild 2.3.1 die Spannung an der

2.3 Stabilisieren von Spannungen

Zenerdiode ZD, die über den Vorwiderstand R_v an der Eingangsspannung U_1 liegt.

Die Zenerspannung liegt zwischen Plus und der Basis des in der Minusseite liegenden Transistors. Sie ist nur ganz wenig größer als die verlangte Ausgangsspannung U_2, so daß die Basis also etwas mehr negativ ist als der Emitter des Transistors. Dieser läßt dabei den Strom durch, den die Last R_L gerade benötigt.

Wird nun R_L kleiner, seine Stromaufnahme also größer, so wird hierdurch die Ausgangsspannung infolge der Innenwiderstände der Stromquelle etwas absinken. Damit wird also U_2 etwas kleiner als die konstante Zenerspannung. Diese größer werdende Differenz wirkt sich als größere Spannung zwischen Emitter und Basis des Transistors aus. Dieser wird daher weiter aufgesteuert, so daß der Strom durch R_L vergrößert wird, bis die Spannung an R_L wieder annähernd gleich der Zenerspannung ist.

Der größere Durchlaßstrom des Transistors setzt zwar eine größere Spannung zwischen Basis und Emitter voraus als der vorherige Strom bei größerem R_L. Da aber wenige Millivolt Spannungszunahme an der Basis des Transistors genügen, um den durchgelassenen Strom erheblich zu verstärken, wird die Ausgangsspannung schließlich doch nur um diese wenigen Millivolt kleiner werden als sie bei der geringeren Belastung war.

Eine etwaige Änderung der Eingangsspannung infolge einer nicht konstanten Netzspannung oder einer im Laufe der Zeit absinkenden Batteriespannung (bei Speisung durch eine Batterie) wirkt sich überhaupt nicht aus. Sie wird durch eine entsprechende Änderung der Kollektor-Emitterspannung des Transistors ausgeglichen, da dieser ja den Strom auf seinem eingestellten Wert hält, und zwar, wie wir an Bild 2.1.3 gesehen haben, unabhängig von der Spannung zwischen Kollektor und Emitter oder jedenfalls nur geringfügig abhängig. Sollte es infolge der verbleibenden geringen Abhängigkeit dennoch zu einer kleinen Spannungsänderung am Ausgang kommen, so wird diese dann immer noch über eine Nachregelung des Stromes ausgeglichen wie oben beschrieben.

Eine noch größere Genauigkeit und vor allem eine größere Leistung ohne Überlastung der Zenerdiode ist möglich durch einen Transistor als Vorverstärker, wie in Bild 2.3.2 gezeichnet. Erhöht sich hier die Belastung, so daß die Spannung an R_L absinkt, so wirkt der Transistor T_1 zunächst ähnlich

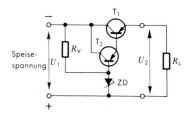

Bild 2.3.2 Verbesserung der Stabilisierung durch eine Transistorvorstufe

wie oben. Außerdem aber fließt ein Strom über den Emitter und die Basis von T_1 und weiter über den Transistor T_2. Die absinkende Spannung am Emitter von T_2 gegenüber der durch die Zenerdiode konstant gehaltenen Basisspannung bewirkt eine Erhöhung des Stromes durch T_2. Dieser Strom ist aber zugleich der Basisstrom für T_1, so daß die Wirkung von T_1 weiter im Sinne einer Erhöhung des Gesamtstromes über R_L wirkt. Die Anordnung wird dadurch also empfindlicher, und da ein höherer Basisstrom für T_1 einen Transistor größerer Leistung erlaubt, ist ein Gerät nach dieser Schaltung u.U. höher belastbar. Man kann den Bereich noch mehr erweitern durch einen weiteren Transistor als weiteren Vorverstärker sowie durch mehrere parallel geschaltete Transistoren an Stelle des einfachen Transistors T_1.

Die Genauigkeit der besprochenen Anordnungen ist natürlich zum großen Teil auch eine Frage der Genauigkeit, mit der die Zenerdiode ihre Spannung bei Änderungen der Eingangsspannung — die sich ja mit der Belastung ändert, wie oben bereits erwähnt — konstant hält. Diese Konstanz ist zwar für eine Zenerdiode schon recht gut, immerhin aber noch nicht immer ausreichend. Man kann sie verbessern, indem man die von einer ersten Zenerdiode annähernd stabilisierte Spannung als Eingangsspannung für die Stabilisierung durch eine zweite Zenerdiode benutzt (Bild 2.3.3).

Manchmal ist es erwünscht, die Ausgangsspannung eines stabilisierten Netzgerätes in bestimmten Grenzen beliebig einstellen zu können, wobei die jeweils eingestellte Spannung ihrerseits aber trotzdem noch konstant gehalten werden soll. Man kann das erreichen, indem man nicht die volle Klemmenspannung an der Belastung R_L mit der Zenerspannung vergleicht, sondern nur einen Teil von ihr, den man an einem Spannungsteiler abgreift. Eine solche Schaltung zeigt Bild 2.3.4.

Der Emitter des Transistors T_2 erhält gegen den Pluspol eine negative Vorspannung in Höhe der Zenerspannung der Zenerdiode. Er kann daher erst

2.3 Stabilisieren von Spannungen 49

stromdurchlässig werden, wenn die am Spannungsteiler R_1 abgegriffene Spannung stärker negativ ist als der Emitter. Im übrigen ist T_2 in normaler Emitterschaltung geschaltet, wobei seine Kollektorspannung durch den Spannungsabfall an R_3 bestimmt ist, also durch den Strom durch T_2, wie er am Spannungsteiler eingestellt wurde. Die Kollektorspannung von T_2 ist nun zugleich die Basisspannung von T_1, so daß der von T_1 durchgelassene Strom durch die Einstellung des Spannungsteilers R_1 bestimmt wird. Und da R_1 parallel zur Last R_L liegt, ist auch die hier abgegriffene Spannung verhältnisgleich der jeweiligen Spannung an R_L. Auf diese Weise läßt sich also mit dem Abgriff an R_1 die Spannung an R_L beliebig einstellen, da die abgegriffene Teilspannung immer praktisch gleich der Spannung an der Zenerdiode sein muß. Stellt man an R_1 einen kleinen Wert ein, so regelt die Anordnung die Spannung an R_L so lange nach, bis die abgegriffene Teilspannung die Zenerspannung erreicht, wobei an R_L dann eine Spannung liegt, die dem Verhältnis der an R_1 abgegriffenen Teilspannung zur Gesamtspannung an R_L entspricht.

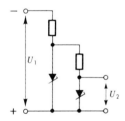
Bild 2.3.3 Verbesserte Schaltung zur Stabilisierung der Ausgangsspannung an einer Zenerdiode

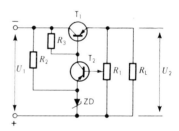
Bild 2.3.4 Stabilisierungsschaltung mit einstellbarer Ausgangsspannung

In der Praxis kommen, wie eingangs dieses Kapitel schon erwähnt, verschiedene Abwandlungen der besprochenen Grundschaltungen vor, die von den zu stellenden Ansprüchen bedingt sein können. Im übrigen aber kann sich der Leser durch etwas eingehenderes Studium davon überzeugen, daß auch die hier anhand der Bilder 2.3.2 und 2.3.4 besprochenen Schaltungen alle auf der grundlegenden Schaltung nach Bild 2.3.1 beruhen und sich von dieser nur durch hinzugefügte Verstärkeranordnungen unterscheiden, wie sie im Prinzip bereits aus dem vorigen Kapitel bekannt sind, und die lediglich eine mögliche Erhöhung der Durchgangsleistung oder eine größere Regelempfindlichkeit und Genauigkeit bezwecken.

2.4 Kippschaltungen

Unter Kippen versteht man in der Elektrotechnik einen Vorgang, bei dem ein Betriebszustand sprunghaft in den anderen Zustand übergeht. Zwar wäre das an sich bei jedem Schalter, jedem Schütz und jedem Relais der Fall, die ja ruckartig den "Aus"-Zustand in den "Ein"-Zustand überführen und umgekehrt. Derartige Schaltvorgänge bezeichnet man allerdings dennoch nicht als Kippvorgänge. Unter einem Kippvorgang versteht man vielmehr eher Schaltvorgänge, die durch einen instabilen elektrischen Vorgang ausgelöst werden, der an der Grenze zwischen zwei stabilen, aber einander entgegengesetzten Zuständen liegt. Weiter wollen wir uns auf eine exakte Definition hier nicht einlassen. Dem Leser wird sowieso sehr bald klar werden, worum es sich handelt.

Es gibt Bauteile, die an sich bereits Kippeigenschaften zeigen. Ein bekanntes Beispiel ist die Glimmlampe, die beim Überschreiten einer gewissen anliegenden Spannung sprunghaft vom nichtleitenden in den leitenden Zustand umkippt und beim Unterschreiten einer bestimmten etwas niedriger liegenden Spannung ebenso sprunghaft vom leitenden Zustand in den nichtleitenden Zustand zurückkippt. Wir werden später noch weitere, in der Elektronik sogar viel verwendete derartige Bauelemente mit Kippeigenschaften kennenlernen. Hier wollen wir diese Bauelemente aber von der Besprechung ausschließen. Wir werden sie vielmehr bei späteren Gelegenheiten nachholen, wenn wir sie für bestimmte Schaltungen brauchen. Hier soll es uns überhaupt nicht um bestimmte Bauelemente gehen, sondern um Schaltungen mit Kippverhalten, die mit von Natur aus nicht kippenden Bauelementen arbeiten, und zwar ausschließlich mit Transistoren.

Der Transistor arbeitet, wie wir längst wissen, kontinuierlich. Wenn man den Basisstrom langsam verstärkt, so nimmt annähernd verhältnisgleich mit dem Basisstrom der Kollektorstrom zu. Gerade diese "lineare" Verstärkereigenschaft nützen wir beim Transistor sehr oft aus.

Bei Besprechung der Maßnahmen zur Stabilisierung eines Verstärkers mit dem Zweck, die Änderung des Kollektorstromes möglichst genau verhältnisgleich der Änderung des Basisstromes zu gestalten, kamen wir aber schon auf das Prinzip der Rückkopplung zu sprechen. Wir wendeten damals die Gegenkopplung an, bei der ein Teil der Ausgangsleistung dem Eingang so zugeführt wird, daß er der ursprünglich zu verstärkenden Größe entgegen wirkt. Dabei sahen wir, daß eine Rückkopplung, die am Eingang im gleichen Sinne wie die

2.4 Kippschaltungen

zu verstärkende Größe wirkt, dazu führt, daß die Verstärkung sich aufschaukelt. Die verstärkt am Ausgang erscheinende Größe wird nochmals vom Eingang zum Ausgang verstärkt, abermals zurückgeführt und verstärkt und so fort. Der Verstärker wird bei zu starker Rückkopplung instabil. Die Verstärkung ist nicht mehr zu beherrschen.

Ein solcher instabiler Zustand ist es gerade, den wir jetzt brauchen. Die Verstärkung würde, wenn es dabei keine Verluste gäbe, unendlich groß sein und sich selbst aufschaukeln. Wenn wir das mit einer Transistorschaltung machen, so liegt die Grenze offenbar da, wo der Transistor nicht mehr weiter kann, nämlich wenn er vollkommen geschlossen, also voll leitend ist, oder wenn er vollkommen sperrt, so daß also kein Strom mehr fließt. Da der Zustand eines Verstärkers bei starker positiver Rückkopplung instabil ist, ist aber auch keiner dieser beiden Grenzzustände auf die Dauer möglich. Der Verstärker kippt dann dauernd von selbst zwischen beiden Grenzzuständen hin und her. Es kommt nun nur darauf an, wenigstens diesen Kippvorgang zu beherrschen.

Man unterscheidet hier drei Arten von Kippschaltungen, die ihrerseits allerdings u.U. auf verschiedene Art ausgeführt werden können. Die erste Art ist der *astabile Multivibrator*. Er arbeitet genauso, wie wir es eben beschrieben haben, d.h. er kippt von selbst mit größerer oder kleinerer Frequenz dauernd vom einen Grenzzustand in den anderen hin und her. Die zweite Art ist der *bistabile Multivibrator,* auch *Flipflop* genannt. Er kippt, wenn er am Eingang einen Impuls erhält, von einem Grenzzustand in den anderen. Diesen behält er jedoch dann bei. Erst bei einem weiteren Eingangsimpuls kippt er in den ersten Grenzzustand wieder zurück. Die dritte Art schließlich, der *monostabile Multivibrator,* (mono = allein, einzeln), kippt auf einen Eingangsimpuls hin vom einen Grenzzustand in den anderen um, aber nach einer gewissen Zeit kippt er ganz von allein wieder in seinen ersten, normalen Zustand zurück. Er kennt also eigentlich nur einen stabilen elektrischen Zustand, aus dem er durch einen Impuls nur für eine gewisse Zeit herausgeworfen werden kann und in den er von allein immer wieder zurückfällt.

Alle drei Arten von Multivibratoren werden in der Elektronik viel verwendet. Wir wollen sie daher der Reihe nach einer näheren Betrachtung unterziehen.

Zuerst den astabilen Multivibrator. Wir sehen ihn stark vereinfacht in Bild 2.4.1 gezeichnet. Er ist tatsächlich ein in sich selbst zurückgekoppelter doppelter Verstärker.

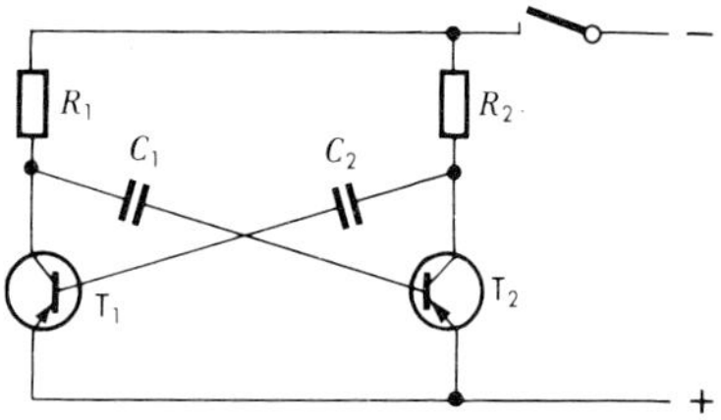

52 2. Der Transistor

Bild 2.4.1 Prinzipschaltung des astabilen Multivibrators

Angenommen wir geben auf die Basis des Transistors T_1 einen kurzen negativen Impuls. Dafür genügt praktisch schon der Spannungsstoß über den Kondensator C_2 beim Einschalten. Dann bewirkt dieser Impuls einen kurzen Basisstrom im Transistor T_1, und dieser Basisstrom bewirkt einen Kollektorstrom über den Widerstand R_1. So liegt plötzlich der Kollektor von Transistor T_1 an Plus, weil der Transistor sozusagen einen Kurzschluß bildet. Dieses plötzliche Herabsinken des Kollektors von T_1 überträgt sich über den Kondensator C_1 auf die Basis des Transistors T_2. Auch sie liegt jetzt an Plus wie der Emitter von T_2. Das aber bedeutet, daß T_2 für seinen Kollektorstrom sperrend wirkt.

Da aber nun R_2 von keinem Strom mehr durchflossen wird, tritt an ihm auch kein Spannungsabfall mehr auf. Der Kollektor von T_2 besitzt also die volle negative Spannung gegen den Emitter, auf die er ebenso schnell heraufgesprungen ist, wie vorher der Kollektor von T_1 sprunghaft an den Pluspol gelegt wurde. Und ebenso überträgt sich jetzt der Sprung des Kollektors von T_2 ins negative über den Kondensator C_2 als negativer Spannungsstoß auf die Basis von T_1, die bereits negativ war. Wir haben also tatsächlich eine Rückkopplung auf den Eingang, die im gleichen Sinne wirkt wie die ursprüngliche Eingangsgröße. So wird in T_1 der volle Kollektorstrom und damit der für beide Transistoren bestehende Zustand vorläufig aufrecht erhalten.

Das dauert aber nur eine gewisse Zeit lang. Der Kondensator C_2 wird nämlich jetzt über die Basis von T_1 und über R_2 aufgeladen. Der geringe Ladestrom ergibt an R_2 noch keinen derartigen Spannungsabfall, daß dieser irgendwie stören könnte. Sobald aber C_2 voll aufgeladen ist, hört auch der Basisstrom über T_1 auf. Und wenn in T_1 kein Basisstrom fließt, so wird auch der Kollektorstrom gesperrt. Damit wird der Strom über R_1 zu 0. Der Kollektor springt auf die volle negative Spannung gegen den Emitter, und dieser Sprung ins negative überträgt sich über den Kondensator C_1 auf die Basis des Transistors T_2. Dieser wird daher jetzt leitend. Und damit haben wir jetzt genau den umgekehrten Ausgangszustand. Erst war T_1 leitend und T_2 sperrte, jetzt sperrt T_1, und T_2 ist leitend geworden. Und damit wiederholt sich auch der ganze bisher beschriebene Vorgang im umgekehrten Sinne, so daß schließlich wieder T_1 leitet und T_2 sperrt. Das geht im Wechsel fort. Der Verstärker schwingt zwischen zwei Grenzzuständen elektrisch hin und her.

Allerdings haben wir bei dieser stark vereinfachenden Betrachtung zunächst etwas übersehen, das dann auch eine gewisse Abänderung der — wie wir schon sagten, stark vereinfachten — Schaltung nach Bild 2.4.1 bedingt. Wir haben nämlich zwar gesehen, wie die Kondensatoren C_1 und C_2 jedesmal aufgeladen wurden. Aber schließlich muß ihnen dazu ja zwischendurch immer wieder Gelegenheit gegeben werden, sich zu entladen. Die Schaltung des astabilen Multivibrators nach Bild 2.4.1 muß daher abgeändert werden wie in Bild 2.4.2 gezeigt. Hier kann sich, während der eine Kondensator aufgeladen wird, der andere immer über den Kollektorwiderstand R_1 bzw. R_2 des gerade leitenden Transistors sowie über R_5 und R_3 bzw. R_4 wieder entladen. Erst wenn die Entladung erfolgt ist, kann die Schaltung erneut umkippen.

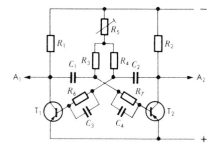

Bild 2.4.2 Verbesserte, vollständige Schaltung des astabilen Multivibrators

Maßgebend für die Frequenz, mit der die Schaltung kippt, ist also nun die Größe der Kondensatoren C_1 und C_2 sowie die Größe der Widerstände R_5, R_3 und R_4. Diese werden so hochohmig gewählt, daß jeder Zustand über eine gewisse, gewünschte Zeit aufrecht erhalten wird. Mit R_5 kann diese Zeit und damit die Kippfrequenz in gewissen Grenzen gewählt werden. Die grobe Einstellung des Frequenzbereiches erfolgt durch geeignete Wahl der Kapazitäten von C_1 und C_2. Außerdem läßt sich mit R_5 die Form der über die Ausgänge A_1 und A_2 abzunehmenden Spannung beeinflussen.

Gewöhnlich wird hier eine sogenannte Rechteckkurve für die Ausgangsspannung verlangt, wie wir sie in Bild 2.4.3 aufgenommen sehen. Die Kurven sollen eine möglichst große Flankensteilheit zeigen, d.h. die Übergänge vom einen in den anderen Zustand sollen möglichst schnell erfolgen. In Bild 2.4.3 erfolgten sie, wie man sieht, so schnell, daß sie fotografisch gar nicht mehr mit registriert werden konnten. Andererseits soll die Ausgangsspannung in den beiden Grenzzuständen möglichst genau gleich bleiben, was allerdings für Bild 2.4.3 für den unteren Zustand (geschlossener Transistor) nicht vollkommen erreicht wurde. Der Erzielung einer möglichst guten Rechteckkurve dienen auch die Widerstände R_6 und R_7, die jeweils durch die Kondensatoren C_3 und C_4 überbrückt sind. Außerdem ist auch die Type der verwendeten Transistoren mit entscheidend für die Güte der Rechteckkurve.

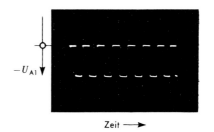

Bild 2.4.3 Ausgangsspannung des astabilen Multivibrators (Rechteckspannung)

Für ganz besonders hohe Ansprüche an die möglichst genaue Rechteckform kommen u.U. noch weitere Verfeinerungen der Schaltung nach Bild 2.4.2 in Betracht, die wir hier, zumal sie selten ausgeführt werden, nicht näher besprechen wollen. Außerdem ist eine etwas andere Schaltung für einen astabilen Multivibrator bekannt geworden, die mit einem pnp- und einem npn-Transistor arbeitet. Auch hierauf wollen wir wegen ihrer seltenen Anwendung in der Steuerungstechnik nicht näher eingehen.

Der bistabile Multivibrator — das Flipflop — schwingt nicht selbst. Er kehrt nur auf einen Impuls an einem der beiden Eingänge, d.h. an einer der beiden Basen, hin seinen elektrischen Zustand sprunghaft um und behält den jeweiligen Zustand so lange bei, bis ein neuer Impuls einen Rücksprung bewirkt.

Seine Schaltung (Bild 2.4.4) sieht der des astabilen Multivibrators ziemlich ähnlich, wenn man sich die Widerstände R_3 und R_4 an Stelle der Kondensatoren C_1 und C_2 in Bild 2.4.2 denkt. Allerdings würde durch den Fortfall der für Gleichspannung sperrend wirkenden Kondensatoren die Spannung an

2.4 Kippschaltungen 55

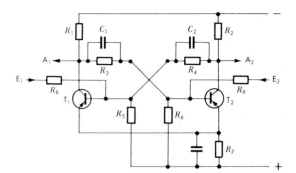

Bild 2.4.4 Bistabiler Multivibrator (Flipflop)

den Basen der Transistoren immer gleich der Kollektorspannung der gegenüberliegenden Transistoren werden. Das wäre natürlich viel zu hoch negativ. Deswegen legt man die Basen jeweils an einen Spannungsteiler, der aus den Widerständen R_3-R_6 bzw. R_5-R_4 gebildet wird.

Aber auch dann wären die Basen immer noch zu stark negativ gegen die zugehörigen Emitter, so daß beide Transistoren dauernd leitend wären. Um auch das zu verhindern und die Spannung Basis gegen Emitter nur klein zu machen, ist der Widerstand R_7 eingefügt, über der jeweilige Strom vom Pluspol zu den Emittern fließt. Dieser Strom erzeugt nämlich an R_7 einen Spannungsabfall, um den die Emitter negativ gegen den positiven Pol werden. Dadurch wird der Spannungsabstand zwischen den Emittern und den etwas stärker negativen Basen nicht mehr allzu groß.

Für die Erklärung der Wirkungsweise wollen wir in Bild 2.4.4 annehmen, daß nach dem Einschalten der Transistor T_1 gesperrt und der Transistor T_2 leitend sei. Das ist ohne weiteres möglich, da die Basis von T_2 an dem aus R_1-R_3-R_6 gebildeten Spannungsteiler liegt und der Widerstand von R_6 groß ist gegenüber den Widerständen $R_1 + R_3$. Wenn wegen des gesperrten Transistors T_1 kein Strom durch R_1 fließt, so liegt ja praktisch auch keine Spannung an R_1. Die Basis von T_2 ist also hoch negativ, so daß T_2 leitet. Das wieder bedeutet einen großen Spannungsabfall an R_2, so daß T_1 über R_4 eine niedrige Basisspannung erhält und somit sicher sperrt.

Nun wollen wir am Eingang E_1 über den Schutzwiderstand R_8 einen kurzen negativen Impuls auf die Basis von T_1 geben. Dann wird im gleichen Augenblick T_1 leitend und sein Kollektor kommt – von der kleinen Schleusenspannung von T_1 abgesehen – auf die Spannung des Emitters. Zugleich legt er aber auch über R_5 die Basis von T_2 an eine niedrigere Spannung. Diese wird sogar niedriger – also positiver – als die Spannung des Emitters von T_2, denn wegen der Spannungsteilung durch R_3 und R_6 muß die Basis von T_2 ja niedriger sein als die Spannung der Emitter, d.h. positiv gegen den Emitter. Somit sperrt jetzt T_2. Und da kein Kondensator aufgeladen wird oder dergleichen – die Kondensatoren C_1 und C_2 sind nur klein und überbrücken lediglich die Widerstände R_3 und R_5 für schnelle Spannungsstöße – liegt kein Grund vor, weshalb sich der jetzt eingetretene Zustand ändern, d.h. wieder in den ursprünglichen Zustand zurückkippen sollte. Er bleibt bestehen: T_1 ist jetzt leitend und T_2 ist jetzt gesperrt.

Ein Zurückkippen erfolgt nur, wenn jetzt ein positiver Impuls auf T_1 oder ein negativer Impuls vom Eingang E_2 auf die Basis von T_2 gegeben wird, der zunächst für einen Augenblick, dann aber für dauernd den ursprünglichen Zustand wieder herstellt.

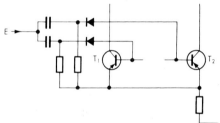

Bild 2.4.5 Eingangsschaltung für den bistabilen Multivibrator zur Steuerung durch gleichpolige Impulse

Um das Flipflop zum Kippen zu bringen, muß also immer abwechselnd ein negativer und ein positiver Impuls auf E_1 oder ein negativer Impuls abwechselnd auf E_1 und E_2 gegeben werden. Man kann das aber auch mit einem einzigen Eingang machen, wenn dieser etwa nach Bild 2.4.5 ausgeführt wird. Hier liegt der Eingang E über je eine Diode an den Basen beider Transistoren. (Den übrigen Teil der Schaltung haben wir hier der Einfachheit halber fortgelassen.) Wenn jetzt ein negativer Impuls über E eintrifft, so wird dieser über die Dioden beiden Basen zugeführt. Die eine Basis ist aber bereits negativ, so daß der Impuls für sie unwirksam ist. Nur die gerade positive Basis wird negativ beeinflußt, so daß der Kippvorgang wie oben eintritt. Danach haben die beiden Basen ihre Polarität vertauscht, so daß der negative Impuls von E beim nächsten Mal die andere Basis beeinflußt.

Die Kondensatoren sind vorgesehen, damit die Impulse das Flipflop bestimmt nur für einen kurzen Moment in Form der Ladeströme der Kondensatoren treffen können, die danach sofort über die beiden Widerstände entladen wer-

2.4 Kippschaltungen

den. Bei einem zu langen Impuls würde das Flipflop womöglich, nachdem es gekippt ist, wegen des Impulses, der dann auf beide Basen wirken würde, sofort wieder zurück kippen.

Statt negativer Impulse kann man auf die beiden Basen aber auch positive Impulse geben. Hierzu braucht man nur die beiden Dioden umgekehrt einzuschalten. Dann wird die gerade positive Basis von dem positiven Impuls nicht beeinflußt. Die gerade negative Basis dagegen wird positiv, so daß sie ihren zugehörigen, leitenden Transistor sperrt, der dann seinerseits den anderen Transistor in den leitenden Zustand überführt.

Bei einer derartigen Schaltung wird also der bistabile Multivibrator immer erst bei jedem zweiten Impuls wieder in seinen ersten Zustand zurückgekippt. Schließt man daher seinen Eingang z.B. an den Ausgang eines astabilen Multivibrators an, der ja bei jedem Anstieg einen negativen, beim folgenden Abstieg einen positiven Impuls liefert, so erhält er nur bei jedem zweiten Anstieg der (negativen) Spannung des astabilen Multivibrators einen negativen Impuls. Das heißt, daß der Multivibrator an jedem seiner beiden Ausgänge A (in Bild 2.4.4) zwar auch eine Rechteckkurve für die Spannung abgibt, aber mit der halben Frequenz des Multivibrators. Der bistabile Multivibrator wirkt also als Frequenzuntersetzer. Das ist in der Tat in den meisten Fällen der Grund, dessentwegen man ihn praktisch einsetzt. Bild 2.4.6 zeigt oben die Kurve eines astabilen Multivibrators, unten die Kurve des von ihm gesteuerten bistabilen Multivibrators. Die Frequenzteilung geht aus der Aufnahme deutlich hervor. Läßt man durch den bistabilen Multivibrator einen zweiten bistabilen Multivibrator steuern, so wird die Kippfrequenz durch diesen nochmals halbiert, so daß sich an seinem Ausgang eine Frequenz von einem Viertel der ursprünglich von dem astabilen Multivibrator erzeugten Frequenz ergibt. Diese Frequenzteilung läßt sich durch weitere Flipflops beliebig fortsetzen.

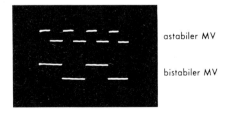

Bild 2.4.6 Ausgangsspannung am bistabilen Multivibrator bei Steuerung durch die Ausgangsspannung eines astabilen Multivibrators

Der monostabile Multivibrator kennt, wie wir bereits oben sagten, nur einen einzigen stabilen Zustand, in den er, wenn er durch einen Impuls am Eingang herausgeworfen wird, nach einer bestimmten, einstellbaren Zeit von selbst wieder zurückfällt. Die wohl am meisten benutzte Schaltung zeigt Bild 2.4.7.

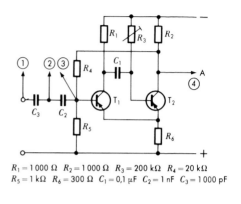

Bild 2.4.7 Monostabiler Multivibrator. (Der Kondensator C_3 am Eingang wäre für die Wirkung der Schaltung nicht unbedingt nötig. Er wurde hier nur vorgeschaltet, um in Bild 2.4.8 die auslösenden Impulse deutlicher zu zeigen. In übrigen s. Vorbemerkung zu den Schaltbildern und Oszillogrammen in der Einleitung dieses Buches.)

$R_1 = 1\,000\,\Omega$ $R_2 = 1\,000\,\Omega$ $R_3 = 200\,\text{k}\Omega$ $R_4 = 20\,\text{k}\Omega$
$R_5 = 1\,\text{k}\Omega$ $R_6 = 300\,\Omega$ $C_1 = 0{,}1\,\mu\text{F}$ $C_2 = 1\,\text{nF}$ $C_3 = 1\,000\,\text{pF}$

Im normalen, stabilen Zustand ist der Transistor T_2 leitend, was schon dadurch deutlich wird, daß seine Basis über den Widerstand R_3 direkt an Minus liegt. Der erzeugte Kollektorstrom fließt über den Widerstand R_6 und ruft an diesem einen gewissen Spannungsabfall hervor, durch den der Emitter — zugleich übrigens auch der Emitter des Transistors T_1 — etwas negativ gegen den Pluspol wird. Wegen des Spannungsabfalls an R_2 wird aber auch der Kollektor von T_2 nur noch um die Schleusenspannung des Transistors negativer als der Emitter. Zwischen dieser nur wenig über der Emitterspannung liegenden Spannung und dem Pluspol liegt die Basis des Transistors T_1 an dem durch R_4 und R_5 gebildeten Spannungsteiler. Er ist so bemessen, daß die Basis von T_1 etwas positiv gegen den Emitter wird, so daß T_1 sicher sperrt.

Wenn nun T_1 sperrt, so fließt über R_1 nur ein schwacher Strom, der den Kondensator C_1 über die Basis-Emitterstrecke von T_2 und den kleinen Widerstand R_6 auflädt. Der Basisstrom über T_2 hält diesen Transistor sicher leitend. Dabei wird der im Bild linke Belag von C_1 negativ, der rechte positiv.

Wird nun vom Eingang her ein kurzer negativer Impuls auf die Basis von T_1 gegeben, so springt sein Kollektor infolge des über R_1 fließenden Stromes weit zum positiven hin und reißt hierdurch über den Kondensator C_1 kurzzeitig auch die Basis von T_2 nach der positiven Seite mit. Das bedeutet, daß

2.4 Kippschaltungen

plötzlich T_1 leitet und T_2 sperrt. Nun wird C_1 umgeladen, denn jetzt liegt der linke Beleg nicht mehr an Minus, sondern an Plus und der rechte Beleg liegt über R_3 an Minus.

Wie lange diese Umladung dauert, hängt außer von der Kapazität von C_1 vor allem von der Größe des Widerstandes R_3 ab. Ist sie beendet, fließt also kein Ladestrom mehr, so stellt sich wieder der frühere Zustand ein. T_1 sperrt wieder, weil der Eingangsimpuls längst beendet ist, und T_2 leitet wieder, weil R_3 nicht mehr durch den Ladestrom von C_1 belastet ist und daher die Basis von T_2 negativ macht. C_1 selbst wird jetzt auf dem ursprünglichen Weg mit kleinem Widerstand im ursprünglichen Sinne aufgeladen. Bild 2.4.8 zeigt die Vorgänge für zwei verschieden breite Ausgangsimpulse.

Durch den monostabilen Multivibrator wird daher ein Eingangsimpuls von kurzer Dauer – u.U. nur einige Mikrosekunden – für eine gewisse, an R_3 einstellbare Zeit gleichsam festgehalten. Je nach der Größe von R_3 kann diese Zeit zwischen wenigen weiteren Mikrosekunden und mehreren Minuten dauern. Mit dem monostabilen Multivibrator haben wir daher einen Impulsformer vor uns, mit dem man Impulse, die zu kurz sind, als daß man mit ihnen etwas anfangen – z.B. ein Relais schalten – könnte, in Impulse ausreichender Zeitdauer umformen kann.

Der Eingangsimpuls selbst muß allerdings möglichst schnell auf seine volle Höhe ansteigen. Ein gleichsam kriechender Impuls würde schon nur schwach über den Eingangskondensator C_2 zur Wirkung kommen, und selbst wenn man C_2 überbrücken würde, so würde der Impuls über C_1 zu wenig auf die Basis von T_2 wirken, als daß es zum Kippen der Schaltung kommen könnte.

Steile Impulse brauchen wir bei Transistorschaltungen aber auch in vielen anderen Fällen. Wenn ein Transistor leitend ist, so liegt an ihm nur die kleine Schleusenspannung, die trotz eines vielleicht verhältnismäßig hohen Kollektorstromes doch nur eine kleine Leistung ergibt, die den Transistor nicht übermäßig erwärmt. Andererseits liegt am Kollektorwiderstand die volle, von der Stromquelle im Kollektorkreis gelieferte Spannung, die mit dem verhältnismäßig hohen Kollektorstrom eine verhältnismäßig hohe Leistung für den Kollektorwiderstand – z.B. die Spule eines Schaltgerätes – ergibt.

Umgekehrt: Sperrt der Transistor, d.h. wird er von keinem Kollektorstrom durchflossen, so verbraucht er ebenfalls keine Leistung, die ihn erwärmen könnte.

Öffnet der Transistor jedoch nur halb, so fließt evtl. der halbe Kollektorstrom, und zwischen Kollektor und Emitter liegt die halbe Spannung der Stromquelle des Kollektorkreises. Dieser Spannungsabfall am Transistor zusammen mit dem fließenden Kollektorstrom ergibt eine verhältnismäßig hohe, im Transistor in Wärme umgesetzte Leistung. Man müßte dann also den Kollektorwiderstand größer machen, damit kein zu hoher Kollektorstrom fließen kann. Das bedeutet, daß man mit dem Transistor nur eine viel kleinere Leistung steuern kann.

Um dennoch eine möglichst große Leistung steuern zu können, muß man also dafür sorgen, daß der Transistor möglichst nur in seinen beiden vollen Grenzzuständen – voll leitend oder voll sperrend – arbeiten kann, und daß der Zwischenzustand, in dem er eine hohe Leistung verbrauchen würde, möglichst schnell, d.h. in ganz wenigen Mikrosekunden oder gar Nanosekunden durchlaufen wird. Bei den bisher besprochenen Kippschaltungen war das ohne weiteres gegeben, wie es deutlich z.B. in Bild 2.4.3, 2.4.6 und 2.4.8 zum Ausdruck kommt.

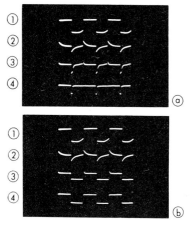

Bild 2.4.8 Steuerung des monostabilen Multivibrators durch von einem astabilen Multivibrator erzeugte Impulse. Dauer der Ausgangsspannungsimpulse bei verschiedener Größe des Widerstandes R_3 in Bild 2.4.7.

Es gibt jedoch Fälle, wo eine Spannung, die bei Erreichen einer gewissen Höhe eine Schaltung bewirken soll, sich nur sehr langsam schleichend ändert. Als Beispiel sei eine automatische Schaltung für eine Straßenbeleuchtung genannt, ein sogenannter Dämmerungsschalter. Das natürliche Licht wird langsam dunkler. Damit würde der durch einen Fotowiderstand oder ähnlich gesteuerte Basisstrom eines Transistors langsam stärker oder langsam schwächer werden. Und ebenso langsam würde der Kollektorstrom und mit ihm die im

Transistor in Wärme umgesetzte Verlustleistung sich ändern. Wir hätten also genau den soeben als ungünstig erkannten Fall, der nur eine sehr schlechte Ausnutzung des Transistors erlauben, vielleicht die Benutzung eines Transistors überhaupt unmöglich machen würde.

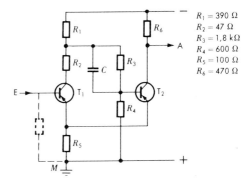

Bild 2.4.9 Schmitt-Trigger

Für solche Fälle läßt sich eine nach ihrem Erfinder als "Schmitt-Trigger" bekannte Schaltung verwenden, die in Bild 2.4.9 dargestellt ist.

Liegt am Eingang E keine Spannung, so ist der Transistor T_1 gesperrt. Da R_1 nur von dem verhältnismäßig niedrigen Strom des Spannungsteilers aus R_1-R_3-R_4 durchflossen wird, liefert dieser an die Basis von T_2 eine Spannung, die immer noch hoch genug negativ ist, um T_2 leitend zu machen, obgleich sein Emitter wegen des Spannungsabfalls an R_5 bereits etwas negativ wird.

Nimmt nun die Spannung am Eingang E langsam negativ zu, so überschreitet sie irgendwann die Spannung des Emitters. Die Basis von T_1 wird dann also etwas negativ gegen den Emitter, so daß T_1 leitend wird. Der durch den jetzt fließenden Kollektorstrom an R_1 entstehende Spannungsabfall drückt die negative Spannung an der Basis von T_2 herab unter die Emitterspannung, so daß jetzt T_2 sperrt.

Dieser Übergang spielt sich sehr schnell ab. Er wird nämlich beschleunigt dadurch, daß mit dem Sperren von T_2 der Strom und damit der Spannungsabfall an R_5 kleiner wird. Dadurch werden die Emitter weniger negativ, so daß die Basis-Emitterspannung an T_1 noch zusätzlich vergrößert und die Basis von T_2 somit noch stärker im sperrenden Sinne beeinflußt wird. Der Überbrückungskondensator C sorgt weiterhin für eine schnelle Übertragung des Spannungssprunges.

Sinkt die Spannung am Eingang E langsam und wird sie dabei niedriger als die Emitterspannung, so kehrt sich der ganze Vorgang um, und T_1 wird wieder sperrend, T_2 wird leitend. Die Spannungssprünge am Ausgang A, die dabei durch die Änderung des Spannungsabfalls am Widerstand R_2 auftreten, können sodann abgenommen und, wenn erforderlich, weiter verstärkt entsprechende Leistungssprünge bewirken. Wegen der unterschiedlichen Kollektorströme der beiden Transistoren im leitenden Zustand tritt das Zurückkippen bei abnehmender Eingangsspannung immer bei einer etwas tieferen Spannung an E auf als bei zunehmender Spannung. Dadurch wird "Flackern" vermieden, wenn die Eingangsspannung etwa gerade an der Schwelle liegt, bei der der Schmitt-Trigger kippt.

Die Wirkung des Schmitt-Triggers läßt sich gut zeigen, indem man als "schleichend zu- und abnehmende" Spannung eine sinusförmige Spannung an seinen Eingang legt (Bild 2.4.10). Sobald die Eingangs-Sinusspannung einen gewissen negativen Wert unterschreitet, springt der Schmitt-Trigger, d.h. seine Ausgangsspannung um, und zwar ebenfalls ins negative. Unterschreitet die negative Halbwelle des Eingangsstromes einen gewissen Betrag, so springt die Ausgangsspannung wieder auf ihren früheren Wert zurück. Der Unterschied der "Schwellspannungen" am Eingang, bei denen das Vorspringen und Zurückspringen der Ausgangsspannung des Schmitt-Triggers erfolgt, ist allerdings nur klein. Er ist daher auf dem Oszillogramm Bild 2.4.10 leider nicht mehr erkennbar. Hierzu hätten wir bei der Aufnahme die Höhe der Sinuskurve so groß einstellen müssen, daß sie auf dem Bild nicht mehr voll hätte aufgenommen werden können. Man kann den Unterschied jedoch deutlich machen, wenn man an den Eingang nicht eine Sinusspannung von 50 Hz anlegt, sondern eine von Hand langsam verstellbare Gleichspannung. Oft wird der Schmitt-Trigger jedoch gerade dazu eingesetzt, eine sinusförmige Spannung in eine sprunghaft veränderliche Rechteckspannung umzuformen. Je nach Höhe der angelegten Sinusspannung kann man dann das Verhältnis der Intervalle am Ausgang beliebig herstellen.

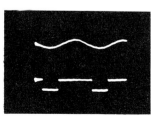

Bild 2.4.10 Auslösen des Schmitt-Triggers durch eine Sinusspannung

„Schleichend" veränderliche Eingangsspannung

Spannung am Ausgang des Schmitt-Triggers

2.5 Schalten von Induktivitäten

Das Abschalten einer mit Selbstinduktion behafteten Spule macht bekanntlich schon in der Starkstromtechnik oft Schwierigkeiten. Der Abbau des magnetischen Feldes erzeugt in den Windungen der Spule eine EMK in dem Sinne, daß sie den Strom in seiner Richtung aufrechtzuerhalten sucht. Die Energie des verschwindenden magnetischen Feldes wird in einem Funken, bei größerer Energiemenge in einem Lichtbogen an der Unterbrechungsstelle in Wärme umgesetzt. Erfolgt die Unterbrechung schnell, so entsteht kurzzeitig eine hohe Überspannung die zu Überschlägen oder zum Durchschlag der Isolation führen kann.

Man verhindert diese Erscheinungen meist durch Parallelschalten eines Kondensators, der die Energie des magnetischen Feldes aufnimmt. Sie pendelt dann, da der Kondensator parallel zur Spule geschaltet bleibt, zwar zunächst zwischen Kondensator und Spule hin und her, aber im Widerstand der Spule wird sie immerhin verhältnismäßig schnell in Wärme umgesetzt, so daß die entstehenden elektrischen Schwingungen meist nach wenigen Perioden ausklingen. Zur weiteren Bedämpfung schaltet man oft noch einen Widerstand von einigen Ohm bis zu einigen Hundert Ohm in Reihe mit dem Kondensator. Dieser Widerstand erfüllt gleichzeitig noch eine weitere Aufgabe, indem er den Einschaltstrom begrenzt, der beim Schalten auf den entladenen Kondensator im ersten Augenblick sehr groß werden könnte.

Immerhin aber kann man in Starkstromanlagen sehr kurze Überspannungen oder Übertröme meist noch hinnehmen, wenn sie nicht allzu hoch sind. Halbleiterbauteile, Dioden, Transistoren, Thyristoren usw. sind dagegen auch gegen sehr kurzzeitige Überlastungen in der Regel äußerst empfindlich. Außerdem kommen besonders bei Kippschaltungen, wie wir sie im vorigen Kapitel kennengelernt haben, außerordentlich kurze Schaltzeiten in Frage, die meist um ein Vielfaches kürzer sind als bei einem mechanischen Schalter der Starkstromtechnik. Da die einzelnen Schaltvorgänge zudem oft noch viel schneller aufeinander folgen, würden Ausschwingvorgänge zwischen Induktivität und Kondensator oder der Aufbau der Spannung beim Einschalten eines Parallelkondensators viel zu lange dauern und damit den exakten Ablauf der Schaltvorgänge stören.

Man wendet daher in der elektronischen Technik zur Verhütung von Überspannungen und Überströmen beim Abschalten einer Induktivität in der Regel ein anderes Mittel an, die sogenannte Freilaufdiode. Das ist eine an sich

Bild 2.5.1 Vermeiden hoher Ausschaltspannung durch eine Freilaufdiode

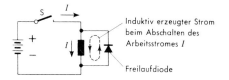

normale Diode, die parallel zu der Induktivität so gelegt wird, daß sie für die normale Richtung des Stromes sperrend wirkt. In Bild 2.5.1 haben wir für die Stromunterbrechung einen Schalter S gezeichnet. Es könnte ein Transistor, ein Thyristor oder ein sonstiges Bauelement sein. Wird der Strom unterbrochen, so sucht die Induktivität der Spule ihn in der Spule selbst aufrecht zu erhalten. Und er kann in der Tat weiter fließen, denn für ihn ist die Freilaufdiode in Durchlaßrichtung gepolt. Sie muß allerdings für einen kurzen Augenblick den vollen Spulenstrom aufnehmen können. Die Energie des magnetischen Feldes, die in den nachklingenden Strom umgesetzt wird, wird jedoch sehr bald in Wärme umgesetzt, da die Spule durch die Diode praktisch kurzgeschlossen ist. Der Strom klingt daher sehr schnell ab, ohne daß es zu elektrischen Schwingungen kommen kann, weil hierzu die Kapazität fehlt.

Der Einschaltvorgang wird durch die Freilaufdiode nicht beeinflußt, da sie ja für den Einschaltstrom, d.h. den Arbeitsstrom der Spule, in Sperrichtung liegt.

Eine Freilaufdiode legt man daher bei elektronischen Schaltungen möglichst immer parallel zu jeder Induktivität, es sei denn, die Induktivität selbst wird betriebsmäßig zeitweilig in verschiedener Richtung vom Strom durchflossen. In diesem Fall — und nur in diesem Fall — kommt als Überspannungsschutz allerdings dennoch nur ein Kondensator mit Dämpfungswiderstand in Frage.

2.6 Logische Schaltungen

Unter einer logischen Schaltung versteht man eine Schaltung, durch die einzelne, bestimmte Schaltvorgänge logisch miteinander verknüpft werden, d.h. in eine solche, einmal festgelegte Abhängigkeit voneinander gebracht werden, wie sie ihrem Sinn nach ablaufen müssen. Es handelt sich also im Prinzip um das gleiche, was wir vor Einsetzen der elektronischen Technik durch mechanische oder elektrische Verriegelung erreicht haben, eine Sicherung gegen Fehlschaltungen, nur daß diese Aufgaben mit elektronischen Mitteln teilweise erweitert bzw. vereinfacht werden können. Nehmen wir ein ganz ein-

2.6 Logische Schaltungen 65

faches Beispiel: Ein Motor D soll nur dann laufen, wenn bereits ein Motor A läuft und außerdem gleichzeitig ein weiterer Motor B oder ein Motor C. Der Motor D soll also nicht laufen, wenn außer dem Motor A beide Motoren B und C gleichzeitig laufen. Das ganze könnte z.b. ein Teil einer automatischen Fertigungsstraße sein.

Diese einfache Aufgabe ließe sich ohne weiteres, wenn auch vielleicht etwas verzwickt, mit normalen konventionellen Mitteln, etwa mit Hilfe von ein paar Hilfskontakten an Schützen lösen. Schwieriger würde das schon, wenn die Zahl der voneinander in Abhängigkeit zu setzenden Motorschaltungen größer wäre oder gar, wenn die Abhängigkeiten, nach denen die einzelnen Motoren mit- und nacheinander zu schalten wären, dann und wann geändert werden müßten, wie das ja gerade bei modernen Fertigungsstraßen öfter vorkommt. Wie verhältnismäßig einfach sich so etwas mit elektronischen Mitteln verwirklichen läßt, werden wir gerade anhand des obigen Beispiels gegen Schluß dieses Kapitels sehen.

Man hört heute immer wieder von digitaler Steuerung oder numerischer Steuerung. Beides ist im Grunde dasselbe. Digitus ist das lateinische Wort für "Finger". Man kann 4 oder 6 oder 7 an den Fingern abzählen. Aber es wäre eine Unmöglichkeit, eine Zahl wie etwa 5,37 an den Fingern abzählen zu wollen. Nur eine einfache, ganze Zahl läßt sich mit den Fingern darstellen. Ebenso ist eine Nummer immer eine ganze Zahl. Zwar spricht man dann und wann von einer Hausnummer 34 a und 34 b usw., gelegentlich auch von Nummer 4 1/2. Aber solche Unterteilungen sind im Grunde doch nur ein Notbehelf, wo man mit einfachen Nummern aus irgendwelchen Gründen nicht mehr zurecht kommt. Von solchen Unzulänglichkeiten abgesehen ist auch eine Nummer, wie bei der Darstellung mit den Fingern, immer eine ganze Zahl.

Bekanntlich haben wir zehn Finger. Nummern kann man sogar beliebig viele angeben. Bei der numerischen Steuerung, wie sie durch logische Schaltungen verwirklicht wird, geht man in gewissem Sinne, d.h. in der Vereinfachung, aber noch einen Schritt weiter. Elektrisch gibt es doch im Grunde nur die Schaltzustände "Ein" und "Aus" oder, wie man auch sagen kann, "Strom" und "Kein Strom". Das sind zwei Schaltzustände, die man durch zwei Nummern ausdrücken kann. Üblich sind die Nummern 1 und 0. Damit keine Verwechslung mit einer Zahl möglich ist, setzt man statt 1 gewöhnlich den Buchstaben L. Jeder Schaltzustand läßt sich also durch L oder 0 darstellen, wobei man sich nur darüber einigen muß, welches Zeichen "Ein" und welches

"Aus" bedeuten soll. Um auch das noch zu vereinfachen, spricht man einfach von zwei Signalen, dem Signal L und dem Signal 0, und kann dann je nach Lage der Dinge am Schluß immer noch festlegen, was das L-Signal und was das 0-Signal bedeuten soll.

Das klingt zunächst alles sehr theoretisch. Wie einfach sich damit arbeiten läßt, werden wir aber sogleich sehen. Wir müssen uns dazu nur darüber klar werden, wie das L-Signal oder das 0-Signal dargestellt werden kann und wie die beiden Signale in Beziehung zueinander gesetzt werden können. Dafür hat man in der elektronischen Technik einige wenige einfache Vorrichtungen entwickelt, die man miteinander kombinieren kann und die dadurch eine unendlich große Zahl von logischen Verknüpfungen ermöglichen. Diese Vorrichtungen nennt man kurz "Glied" oder "Gatter". Wir wollen sie und ihren Sinn jetzt kennen lernen.

Das UND-Glied

Das UND-Glied — und jedes andere der folgenden Glieder — besitzt einen Signalausgang und einen oder mehrere Signaleingänge. Das Wesentliche für das UND-Glied: Es liefert am Ausgang ein L-Signal, wenn auf alle Eingänge ein L-Signal gegeben wird. Nehmen wir also an, ein Und-Glied besitze drei Eingänge. Dann besteht am Ausgang das Signal 0, solange nur ein Eingang oder zwei Eingänge oder alle Eingänge an einem 0-Signal liegen. Ein L-Signal am Eingang liefert also am Ausgang noch kein L-Signal, ebenso liefern zwei L-Eingänge noch kein L-Signal am Ausgang. Nur wenn an allen drei Eingängen ein L-Signal ansteht, ergibt sich am Ausgang ein L-Signal. Man nennt das L-Signal oft auch "wahr" und das 0-Signal "falsch" und bezeichnet eine Tabelle, in der die verschiedenen Möglichkeiten wiedergegeben sind, als "Wahrheitstabelle". Sie lautet, wenn wir die Eingänge mit x und den Ausgang mit y bezeichnen, für ein UND-Glied mit drei Eingängen also wie folgt:

x_1	x_2	x_3	y
0	0	0	0
L	0	0	0
0	L	0	0
0	0	L	0
L	L	0	0
L	0	L	0
0	L	L	0
L	L	L	L

2.6 Logische Schaltungen

Aus der Tabelle ist klar ersichtlich, was wir oben sagten, daß am Ausgang (y) nur L-Signal erscheint, wenn an allen Eingängen (hier drei Eingänge x_1, x_2 und x_3) L-Signal ansteht. Natürlich könnte das UND-Glied auch bedeutend mehr Eingänge haben. Auch dann erschiene am Ausgang nur ein L-Signal, wenn alle Eingänge durch ein L-Signal beaufschlagt sind, d.h. Eingang x_1 u n d Eingang x_2 u n d Eingang x_3 usw.

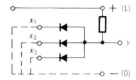

Bild 2.6.1 UND-Schaltung

Elektrisch läßt sich ein solches UND-Glied leicht mit einigen Dioden verwirklichen (Bild 2.6.1). Hier ist Minus als 0-Signal angenommen und Plus als L-Signal. Solange ein Eingang x_1, x_2 oder x_3 (es könnten, wie gesagt, noch mehr Eingänge sein) an Minus, also an 0-Signal liegt, liegt der Ausgang y ebenfalls an 0, denn die Strecke zwischen y und 0 wird durch die Dioden kurzgeschlossen. Daran würde sich auch nichts ändern, wenn man eine oder zwei Dioden von 0 auf L-Signal umlegen würde. Schon durch eine einzige Diode, die an 0 liegen bleibt, bliebe y mit 0 direkt verbunden. Erst wenn wirklich alle Diodeneingänge von 0 weg auf L-Signal gelegt würden, würde auch am Ausgang y das L-Signal erscheinen.

Ein solches UND-Glied wird symbolisch dargestellt wie Bild 2.6.2 zeigt.

Bild 2.6.2 Symbol für UND-Schaltung

Das ODER-Glied

Beim ODER-Glied erscheint am Ausgang ein L-Signal, wenn an dem einen o d e r dem anderen o d e r auch an mehreren Eingängen ein L-Signal ansteht. Es ist also vollkommen gleichgültig, wieviele Eingänge an L-Signal und wieviele Eingänge an 0-Signal liegen. Einzige Ausnahme: Nur wenn an keinem Eingang ein L-Signal ansteht, liefert der Ausgang 0-Signal. Die Wahrheitstabelle für ein ODER-Glied mit drei Eingängen (auch hier können es beliebig viele Eingänge sein) lautet daher wie folgt:

x_1	x_2	x_3	y
0	0	0	0
L	0	0	L
0	L	0	L
0	0	L	L
L	L	0	L
L	0	L	L
0	L	L	L
L	L	L	L

Elektrisch läßt sich das ODER-Glied ebenso einfach darstellen wie das UND-Glied, nämlich nach Bild 2.6.3. Hier ist y ständig über den Widerstand am 0-Signal gelegen. Daran ändert keine der Dioden etwas, weil diese, solange sie an 0-Signal liegen, in Sperrichtung gepolt sind und daher keine Verbindung zum L-Signal herstellen. Wird jedoch nur eine einzige Diode (oder mehrere) an L-Signal gelegt, so fließt über sie ein Strom von Plus über den Widerstand nach Minus, so daß an y das L-Signal zu liegen kommt. Bild 2.6.4 zeigt das Symbol für die Darstellung des ODER-Gliedes.

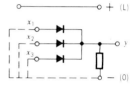

Bild 2.6.3 ODER-Schaltung

Bild 2.6.4 Symbol für ODER-Schaltung

Das NICHT-Glied

Man arbeitet bei numerischen Steuerungen gewöhnlich mit npn-Transistoren. Bild 2.6.5 zeigt schematisch die Schaltung eines solchen Transistors. Der Basis gibt man dabei gewöhnlich eine kleine negative Vorspannung, damit, wenn am Eingang x kein Signal ansteht, am Ausgang y mit Sicherheit das L-Signal ansteht.

Ein Transistor wirkt nun als Umkehr-Glied (Inverter), und damit als NICHT-Glied. Steht nämlich an einem Eingang — wir haben in Bild 2.6.5 mit Absicht nur einen Eingang gezeichnet — ein L-Signal an, so wird die Basis bei geeigneter Bemessung der Widerstände positiv gegen den Emitter. Der Transistor wird also leitend, d.h. der Ausgang y liegt, über den Transistor praktisch so gut wie kurzgeschlossen, an 0. Solange kein L-Signal am Eingang x ansteht,

2.6 Logische Schaltungen 69

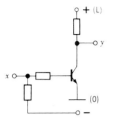
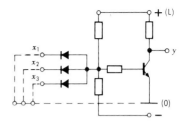

Bild 2.6.5 NICHT-Schaltung (Inverter)   Bild 2.6.6 NICHT-UND-Schaltung

sperrt der Transistor, so daß, da kein Spannungsabfall am Kollektorwiderstand entsteht, der Ausgang y praktisch an Plus liegt, also L-Signal abgibt. Ergebnis: 0-Signal am Eingang ergibt L-Signal am Ausgang, L-Signal am Eingang ergibt 0-Signal am Ausgang. Der Transistor verneint also gleichsam das Eingangssignal, indem er es in sein Gegenteil umkehrt.

Das NICHT-UND-Glied

Schalten wir nun den Transistor als NICHT-Glied hinter ein UND-Glied (Bild 2.6.6), so ist die Basis des Transistors bei geeigneter Bemessung der Widerstände negativ gegen den Emitter oder wird durch die Dioden des UND-Gliedes an 0-Signal gelegt. Am Ausgang y erscheint somit ein L-Signal, da der Transistor sperrt. Sobald jedoch alle Dioden des UND-Gliedes L-Signal bekommen — und nur dann — wird die Basis positiv und es erscheint am Ausgang y das 0-Signal. Ergebnis also: Aus dem UND-Glied wird ein NICHT-UND-Glied: Am Ausgang y erscheint, wenn alle Eingänge x L-Signal haben, nicht wie beim UND-Glied ein L-Signal, sondern im Gegenteil ein 0-Signal. Liegt auch nur an einem einzigen Eingang noch ein 0-Signal, so erscheint am Ausgang immer noch ein L-Signal. Die Wirkung des UND-Gliedes wird also umgekehrt (invertiert). Aus dem UND-Glied wird ein NICHT-UND-Glied, dessen Symbol in Bild 2.6.7 gezeigt ist. Die Wahrheitstabelle lautet hier:

x_1	x_2	x_3	y
0	0	0	L
L	0	0	L
0	L	0	L
0	0	0	L
L	L	0	L
L	0	L	L
0	L	L	L
L	L	L	0

Bild 2.6.7 Symbol für NICHT-UND-Schaltung

Das NICHT-ODER-Glied

Wir brauchen das jetzt wohl nicht mehr so genau im einzelnen zu erläutern. Es dürfte klar sein, daß das NICHT-ODER-Glied die Umkehrung des ODER-Gliedes ist. Am Ausgang (Bild 2.6.8) erscheint normal ein L-Signal. Sobald aber auch nur an einem Eingang x ein L-Signal liegt, erscheint am Ausgang ein 0-Signal. Damit ergibt sich folgende Wahrheitstabelle: Das Symbol für das NICHT-ODER-Glied zeigt Bild 2.6.9.

x_1	x_2	x_3	y
0	0	0	L
L	0	0	0
0	L	0	0
0	0	L	0
L	L	0	0
L	0	L	0
0	L	L	0
L	L	L	0

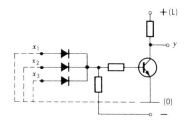

Bild 2.6.8 NICHT-ODER-Schaltung   Bild 2.6.9 Symbol für NICHT-ODER-Schaltung

Kehren wir nun kurz zurück zu unserem Eingangsbeispiel mit den Motoren. Es ist nur notwendig, daß für einen eingeschalteten Motor ein L-Signal gegeben wird bzw. daß ein L-Signal am Ausgang bedeutet, daß der dort folgende Motor – in unserem Fall wäre das der Motor D – eingeschaltet wird. Dann lassen sich die gestellten Einschaltbedingungen für den Motor D durch eine logische Schaltung nach Bild 2.6.10 verwirklichen. Der Motor D wird nur eingeschaltet, wenn alle Eingänge des UND-Gliedes (3) L-Signal erhalten.

Wenn Motor A eingeschaltet ist, so erhält der Eingang a des UND-Gliedes (3) L-Signal. Wenn Motor B oder Motor C eingeschaltet ist, so liefert das ODER-

Glied (2) L-Signal an den Eingang b des UND-Gliedes (3). Außerdem aber war die Bedingung gestellt, daß Motor D nicht laufen darf, wenn die Motoren B und C beide zugleich laufen. Beide wirken daher auch noch auf das NICHT-UND-Glied (2), d.h. wenn beide Motoren L-Signal liefern, so liefert das NICHT-UND-Glied (2) 0-Signal. Wenn aber das UND-Glied (3) auf einem Eingang kein L-Signal erhält, so liefert sein Ausgang 0-Signal, so daß Motor D nicht läuft.

Es leuchtet wohl ohne weiteres ein, daß sich auf ähnliche Weise leicht noch viele weitere Schaltfunktionen miteinander logisch verknüpfen, d.h. gegen falsches Schalten verriegeln lassen. Die einzelnen Schaltglieder, die nur Dioden und evtl. noch einen Transistor enthalten, nehmen ja an Platz jeweils nur wenige mm² ein und lassen sich leicht auf einer sogenannten Platine, einer kleinen Platte von wenigen cm² mit gedruckter Schaltung unterbringen. Sollen die Schaltfunktionen in ihrer Reihenfolge geändert werden, was z.B. bei einer Fertigungsstraße in der Industrie bei einer Umstellung sehr leicht notwendig werden kann, so wechselt man entweder die betreffende Platine, die mit geeigneten steckbaren Kontakten versehen sein kann, gegen eine andere aus, oder ihre äußeren Anschlüsse werden durch einen anderen vorbereiteten Steckeranschluß entsprechend anders verbunden. Bei einer Verriegelung und Schaltung mit konventionellen Mitteln wäre dazu u.U. eine umfangreiche Änderung der ganzen Installation erforderlich.

Neben diesem mit Dioden arbeitenden System hat sich jedoch noch ein weiteres System eingebürgert, das nur mit Widerständen und Transistoren arbeitet und dazu noch mit einem einzigen Baustein auskommt, mit dem sich die gleichen Aufgaben erfüllen lassen, wie mit den obigen verschiedenen Gliedern. Dafür erfordert dieses System allerdings mehr Einzelglieder. Der Baustein dieses Systems ist schematisch in Bild 2.6.11 dargestellt. Es ist ein sogenann-

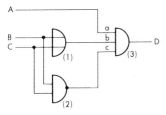

Bild 2.6.10 Logische Schaltung für das Beispiel s. Text

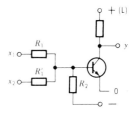

Bild 2.6.11 NICHT-UND-ODER-Gatter (NAND-NOR-Gatter)

ter NOR-Baustein, auch wegen seiner doppelten Verwendungsweise als NAND/NOR-Baustein bezeichnet. (Englisch: NAND abgekürzt für not and = nicht und bzw. NOR abgekürzt für not or = nicht oder).

Es leuchtet ohne weiteres ein, daß am Ausgang y ein 0-Signal erscheint, wenn an einem der Eingänge x_1 oder x_2 (es sind in Wirklichkeit meist mehr Eingänge vorgesehen) eine hohe positive Spannung als L-Signal liegt. Eine verhältnismäßig hohe Spannung ist erforderlich, weil R_2 klein gegen R_1 bzw. R_1' ist, damit die Eingänge sich nicht gegenseitig unzulässig beeinflussen. Der Baustein wirkt also nach unserer obigen Sprechweise als NICHT-ODER-Glied, d.h. als NOR-Glied. Das Symbol ist entsprechend das gleiche wie oben nach Bild 2.6.9.

Schaltet man zwei derartige Glieder hintereinander (Bild 2.6.12), so erhält man eine zweimalige Umkehr des Signals, d.h. wenn an einem Eingang x (oder an beiden) ein L-Signal ansteht, so erhält die Basis des zweiten Transistors ein 0-Signal und damit der Ausgang y ein L-Signal. Ein solches doppeltes Glied wirkt also nicht mehr als NICHT-ODER-(NOR-)Glied sondern als ODER-Glied: L-Signal am Eingang ergibt L-Signal am Ausgang.

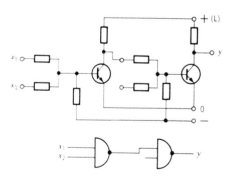

Bild 2.6.12 UND-Schaltung, bestehend nur aus 2 NAND-NOR-Gattern

Schaltet man drei derartige Bausteine entsprechend zusammen (Bild 2.6.13), so ergibt sich am Ausgang y nur dann ein L-Signal, wenn der letzte Transistor über beide Vor-Transistoren ein 0-Signal erhält, d.h. wenn jeder Vortransistor über mindestens einen Eingang ein L-Signal erhält. Diese Schaltung wirkt daher als UND-Glied insofern, als am Ausgang ein L-Signal, entsteht, wenn an zwei Eingängen (mindestens je einer an jedem Vortransistor) ein L-Signal ansteht.

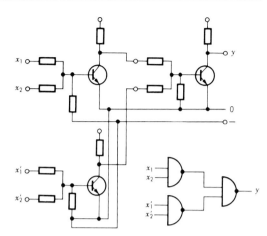

Bild 2.6.13 Beispiel einer Kombination von NAND-NOR-Gattern

Legt man in beiden Fällen hinter den Ausgang ein weiteres NOR-Glied, so erhält man eine abermalige Umkehrung, d.h. ein NICHT-ODER-Glied (NOR-Glied) bzw. ein NICHT-UND-Glied (NAND-Glied). Auf diese Weise lassen sich also mit ein und demselben Baustein alle Schaltfunktionen erfüllen wie oben mit den verschiedenen Dioden-Bausteinen.

Beide Systeme gestatten schließlich noch die verschiedensten Erweiterungen durch Einsatz von bistabilen oder monostabilen Multivibratoren, wie wir sie oben kennengelernt haben, sowie durch Rückführungen usw. Diese Möglichkeiten sind naturgemäß unendlich zahlreich, so daß wir sie hier nur andeuten können, damit der Leser, wenn er vor einer solchen logischen Schaltung steht, wenigstens weiß, welche Möglichkeiten bestehen, um sich evtl. ein Bild machen zu können, wie die betreffende Schaltung arbeitet.

Als nicht zum Thema dieses Buches gehörend sei nur erwähnt, daß der Computer letztlich ebenfalls auf diesen Grundbausteinen beruht, die hier nur in außerordentlich umfangreichem Maße und in sehr vielen Kombinationen verwendet werden.

Selbstverständlich ist es aber nicht damit getan, eine Reihe von logischen Gliedern in den L- oder 0-Zustand zu bringen. Was wir bisher zu den logischen Schaltungen sagten, ist ja schließlich nur ein Mittel zum Zweck, nämlich zur Steuerung von Antrieben oder sonstigen elektrischen Arbeitsmitteln. Hierfür reicht die Leistung eines gesteuerten Transistors natürlich meist bei weitem nicht aus.

Die logische Schaltung in ihrem jeweiligen Schaltzustand stellt jedoch sozusagen ein Abbild der eigentlichen, durchzuführenden Schaltmaßnahmen dar, das nun erst auf die eigentlichen Schaltvorgänge mit entsprechender Energie übertragen werden muß.

Man wird also jeden einzelnen Steuervorgang durch denjenigen Transistor der logischen Schaltung auslösen lassen, der dafür zuständig ist, ohne Rücksicht darauf, ob dieser Transistor innerhalb der logischen Schaltung noch weitere Glieder zu steuern hat. So kann man in den Kollektorkreis an Stelle eines Widerstandes evtl. ein Relais legen, über das ein Leistungsschütz geschaltet wird, oder man kann die Kollektorspannung dazu benutzen, eine Thyristorschaltung entsprechend zu steuern, wofür wir über die näheren Einzelheiten in diesem Buch später noch das Nötige kennenlernen werden. Die "Rückmeldung" des vollzogenen Schaltvorgangs muß dann selbstverständlich an das entsprechende logische Glied erfolgen, z.B. über einen Hilfskontakt, durch ein Relais oder auf ähnliche Weise. Dabei ist es oft notwendig, vor das logische Element ein Verzögerungsglied zu schalten, um zu verhüten, daß ein etwa prellender Kontakt mehrere Impulse auf die logischen Glieder gibt, die ja sehr rasch arbeiten, so daß mehrere Impulse sehr leicht zu Fehlschaltungen führen könnten. Eine Verzögerung um etwa 0,1 Sekunde ist jedoch gewöhnlich voll ausreichend.

2.7 Integrierte Schaltungen

Wir haben bisher gesehen, daß es eine ganze Reihe Schaltungen gibt, von denen jede einzelne ganz bestimmte, jeweils aber sehr häufig vorkommende Aufgaben erfüllt, sei es die Verstärkung einer schwachen Eingangsspannung, sei es die Erzeugung regelmäßiger Rechtecksspannungen, die Erzeugung regelmäßiger Impulse verschiedener Form und Dauer, die Fixierung eines Schaltzustandes bis zum Eintreffen eines neuen Impulsbefehles, die Auslösung neuer Impulse auf Grund bestimmter Kombinationen von Impulsen und zahlreiche andere Aufgaben. Das alles gilt entsprechend unseren bisherigen Ausführungen allein schon für die Steuerungstechnik mit Transistoren. Die Aufgaben vervielfältigen sich durch zahlreiche andere anschließende Gebiete, wie die Zählrechnik, die Computertechnik, die Nachrichtentechnik und weitere, ständig neu hinzukommende Gebiete.

Trotz dieser unübersehbaren Vielfältigkeit hat sich jedoch gezeigt, daß sich die Vielzahl der Aufgaben auf verhältnismäßig wenige Aufgabentypen zurückführen läßt, die zwar im einzelnen immer wieder etwas abgewandelt, im Grunde aber doch ständig wiederkehrend auftreten. So lag es nahe, mit den Aufgaben auch die Lösungen, d.h. die zu ihrer Lösung geeigneten Schaltungen auf verhältnismäßig wenige Grundschaltungen zurückzuführen und als solche gleichsam ebenfalls zu typisieren. Und damit wieder war der Weg gewiesen, schließlich auch die Herstellungsverfahren für Geräte nach diesen Schaltungen zu typisieren. Die Konzentration auf verhältnismäßig wenige Herstellungsverfahren schließlich führte ganz automatisch dazu, sich mit ihnen intensiv in Richtung auf eine Vereinfachung und Vereinheitlichung zu beschäftigen.

Der Erfolg dieser konsequenten technischen Entwicklung führte zunächst zur gedruckten Schaltung und über sie hinaus zur integrierten Schaltung, bei der nicht nur die Verbindungen der einzelnen Bauelemente durch eine Art Druckverfahren hergestellt werden, sondern gleichzeitig die Bauelemente selbst, jedenfalls zum großen Teil. Gleichzeitig ergab sich damit die Möglichkeit, immer wiederkehrende komplette Schaltungen und Schaltkreise ganz wesentlich zu verkleinern und Hunderte von einzelnen Bauelementen zusammen mit den sie verbindenden Leitungswegen auf einer Fläche von wenigen Quadratmillimetern oder in einem Raum von wenigen Kubikmillimetern unterzubringen.

So gibt es heute von zahlreichen Herstellern nach den verschiedensten Verfahren hergestellt zahlreiche Typen von integrierten Schaltkreisen, die teils für sich allein komplettiert bestimmte Funktionen erfüllen, teils durch verschiedenartige Ergänzung durch zusätzlich äußerlich angeschlossene konventionelle Bauelemente verhältnismäßig einfach für die Lösung konkreter spezieller Aufgaben geeignet gemacht werden können (Bild 2.7.1). Dadurch vereinfacht sich nicht nur die Herstellung vieler Schaltungen, sondern obgleich ein integrierter Schaltkreis oftmals viel teurer ist als ein Stück Gold vom gleichen Gewicht, ergibt sich meist eine Verbilligung der kompletten Schaltung, weil die spezielle Beschaffung und die jedesmal notwendige Montage der zahlreichen, im integrierten Schaltkreis zusammengefaßten Bauelemente eben noch viel teurer wäre als das winzige Stückchen Gold, das im Gewicht dem integrierten Schaltkreis gleichkommt. Dazu kommt, daß zwar die Reparatur eines integrierten Schaltkreises unmöglich, die Reparatur eines größeren Gerätes durch einfache Auswechselung des defekten Schaltkreises aber viel billiger und schneller zu erledigen ist, ganz abgesehen davon, daß die

76 2. Der Transistor

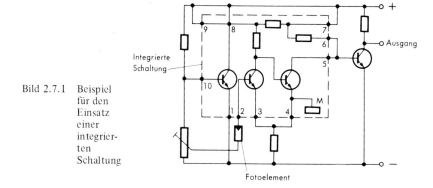

Bild 2.7.1 Beispiel für den Einsatz einer integrierten Schaltung

Kleinheit, d.h. der äußerst geringe Platzbedarf oft die Vorhaltung mehrerer Reserven eines kompletten Gerätes ermöglicht, ein Vorteil, der sich z.b. bei der Ausrüstung der modernen Raumfahrzeuge nachhaltigst ausgewirkt hat.

Die im Handel heute für jedermann verhältnismäßig leicht und billig erhältlichen integrierten Schaltkreise umfassen heute einen Bereich von den einfachsten, vielleicht nur einige miteinander fertig geschaltete Dioden enthaltenden Geräten bis zu elektrisch äußerst umfangreichen und komplizierten Verstärkern, Multivibratoren, logischen Gliedern usw. So ist selbst dem Bastler, der sich anhand eigener Versuche mit bestimmten Gebieten der Elektronik vertraut machen will, die Möglichkeit gegeben, für solche Teile seiner Schaltungsaufbauten, deren Wirkungsweise ihm sowieso bekannt ist und die ihn daher im Augenblick nicht näher interessieren, integrierte Schaltkreise zu verwenden und so Arbeit und Platz zu sparen. Daß die Industrie, und zwar heute selbst die Industrie der reinen Unterhaltungselektronik, Rundfunk und Fernsehen, von der Verwendung integrierter Schaltkreise so weit wie irgend möglich Gebrauch macht, ist nach dem Gesagten wohl eine Selbstverständlichkeit.

Darüber hinaus geht die Industrie heute jedoch noch einen Schritt weiter und faßt u.U. mehrere integrierte Schaltkreise mit den weiter erforderlichen äußeren Bauelementen zu kompletten Bausteinen zusammen, die als Ganzes austauschbar in geeignete Gestelle eingeschoben und evtl. mit weiteren Bausteinen kombiniert werden können. So entstehen als Bausteine die verschiedensten Regler, Zähler, Impulsgeneratoren für die Steuerung von Thyristoren und andere Einheiten solche komplette Bausteine werden als "Module" bezeichnet.

3. THYRISTOR UND TRIAC

3.1 Eigenschaften des Thyristors

Der Thyristor ist, wie der Transistor, eine steuerbare Diode. Er unterscheidet sich in seinen Eigenschaften jedoch wesentlich vom Transistor und kann für erheblich größere Leistung und höhere Spannung hergestellt werden.

Wie der Transistor besitzt auch der Thyristor drei Anschlüsse, die als Anode, Katode und Steuerelektrode — letztere auch mit dem englischen Ausdruck "Gate" (gespr.: gäit) genannt — bezeichnet werden. Der Thyristor läßt Strom nur in Richtung von der Anode zur Katode durch. Zunächst sperrt er allerdings den Strom in beiden Richtungen. Durchlässig wird der Thyristor von der Anode zur Katode erst, wenn wenigstens für eine ganz kurze Zeit ein schwacher Strom von der Steuerelektrode zur Katode fließt. Man sagt dann, der Thyristor "zündet".

Bild 3.1.1 zeigt das Symbol für den Thyristor. Es unterscheidet sich, wie man sieht, vom Symbol der normalen Diode nur durch den kleinen zusätzlichen Strich, der den Anschluß für die Steuerspannung andeuten soll. In Schaltbildern beläßt man es oft bei dieser einfachen Darstellung, läßt also die ganze Vorrichtung für die Steuerung fort, die sowieso sehr verschieden beschaffen sein kann und deren Art nicht unbedingt wesentlich für den Betrieb des Thyristors ist. Erforderlichenfalls zeichnet man für die Steuerschaltung ein besonderes Schaltbild.

Bild 3.1.1 Symbol für den Thyristor

Wenn der Thyristor gezündet hat, so beträgt seine Durchlaßspannung nur noch etwa 1,3 Volt. Die Höhe des fließenden Stromes hängt dann also praktisch nur noch von der Speisespannung und dem Widerstand des Verbrauchers ab, nicht anders wie bei jeder anderen Diode auch.

Im Gegensatz zum Transistor kann jedoch der Thyristor durch eine Steuerspannung nicht wieder gelöscht werden. Hat er einmal gezündet, so läßt sich der fließende Strom überhaupt nicht mehr durch die Steuerspannung beeinflussen, selbst nicht durch Anlegen einer negativen Spannung an die Steuerelektrode. Der Thyristor ist also im eigentlichen Sinne ein Schalter, der nur die Schaltzustände "Ein" und "Aus" kennt. Der Strom kann nur unterbrochen werden durch kurzzeitigen Fortfall der Speisespannung zwischen Anode und Katode oder durch kurzzeitige Umpolung. Nach Wiederkehr der Spannung in Durchlaßrichtung kommt es jedoch nicht ohne weiteres zum Wiedereinsetzen des Stromes. Hierzu muß der Thyristor vielmehr über die Steuerelektrode neu gezündet werden.

Genau genommen muß zu diesem Verhalten allerdings noch einiges zur Ergänzung gesagt werden. Der Thyristor löscht nämlich nicht ganz exakt, wenn die Speisespannung — etwa bei Speisung mit Wechselstrom — durch 0 geht, sondern er löscht bereits, wenn der fließende Strom einen bestimmten Kleinstwert, den "Haltestrom" unterschreitet. Dieser Haltestrom beträgt allerdings nur einen kleinen Teil des Nennstromes.

Andererseits läßt sich der Thyristor nicht sofort nach dem Löschen wieder neu zünden. Zwischen Löschen und Zünden muß vielmehr eine gewisse allerdings sehr kleine Zeit, die sogenannte "Freiwerdezeit" liegen. Die Bezeichnung hängt mit der Funktionsweise, d.h. mit den elektronischen Vorgängen in der Halbleiterschicht des Thyristors zusammen, mit denen wir uns in diesem Buch aber nicht beschäftigen wollen. Die Freiwerdezeit ist jedoch so kurz, daß sich eine Schaltfrequenz von etwa 1000 Hz noch erreichen läßt.

Eine unerwünschte Zündung kann jedoch auch ohne Mitwirkung der Steuerelektrode eintreten, wenn die Spannung an der Anode zu schnell ansteigt, also wenn man z.B. eine Gleichspannung mittels eines Schalters an die Anode legt, ohne daß der Spannungsanstieg durch eine im Stromkreis liegende Drossel oder einen Parallelkondensator verzögert wird.

Die zum Zünden an der Steuerelektrode erforderliche Spannung beträgt normalerweise höchstens etwa 3 V, der erforderliche Zündstrom je nach Größe und besonderen Eigenschaften des Thyristors etwa 1 — 50 mA. Günstig ist ein möglichst steiler, d.h. schneller Anstieg der Steuerspannung, evtl. bis zum Mehrfachen der zum Zünden an sich erforderlichen Spannung. Andererseits braucht und soll der Zündimpuls möglichst nur wenige μsek betragen. Bleibt die Zündspannung auch während des Sperrzustandes bzw. bei Wechselstrom während der negativen, gesperrten Halbwelle bestehen, so wirkt sich das ungünstig auf die Höhe des Rückstromes in Sperrichtung und auf die Erwärmung aus. Die kleinste mögliche Betriebsspannung zwischen Anode und Katode liegt bei etwa 6 V. Die Sperrspannung kann z.Zt. beim Thyristor bis etwa 1200 V heraufgesetzt werden. Sie gilt für beide Polaritäten der Spannung, also auch für eine Spannung in Durchlaßrichtung bei nicht gezündetem Thyristor. Wird sie überschritten, so tritt u.U. ein nicht reparabler Durchbruch ein. Überspannungen sind daher auch schon dann gefährlich, wenn sie nur einige Mikrosekunden dauern. Solche Überspannungen können vor allem dann eintreten, wenn sich induktive Widerstände im Stromkreis befinden. Ein solcher induktiver Widerstand ist jedoch bei Wechselstrom schon der speisende Trafo. Wird der Strom durch eine Induktivität plötzlich unterbrochen, so entsteht bekanntlich an der Unterbrechungsstelle eine kurzzeitige Spannungsspitze, die weit über dem Zehnfachen der normalen Betriebsspannung liegen kann. Der Thyristor unterbricht aber einen Strom u.U. sehr schnell, so daß er selbst Ursache zu seiner eigenen Gefährdung werden kann. Außerdem treten in fast jedem Netz gelegentlich hohe Schaltüberspannungen auf, die sich über weite Strecken fortpflanzen können.

Aus diesen Gründen muß der Thyristor unbedingt gegen auch sehr kurzzeitige Überspannungen geschützt werden. Das geschieht durch Beschaltung mit Kondensatoren und Widerständen. Die Reihenschaltung von Kondensator und Widerstand kann sowohl parallel zum Thyristor als auch parallel zum speisenden Trafo liegen. Vor allem aber ist die vorhandene Induktivität selbst immer durch eine solche Schutzbeschaltung zu schützen. Die erforderlichen Daten für Kondensator und Widerstand richten sich nach der Größe der Induktivität und nach der Type des Thyristors. Unter Umständen kommen Kondensatoren bis über $60\,\mu\text{F}$ und Widerstände mit einer Belastbarkeit bis 200 W in Frage. Angaben über die zweckmäßigen Größen machen die Hersteller der Thyristoren. Für Versuche mit kleinen Thyristoren, wie sie im folgenden gezeigt werden, kommt man, wenn im Thyristorkreis selbst keine Induktivität liegt, mit einem Kondensator von $1-2\,\mu\text{F}$ in Reihe mit einem Widerstand von $100-200\,\Omega$, bei einer Belastbarkeit von etwa 2 Watt gut aus, wobei die Belastbarkeit für nur kurzdauernde Versuche noch kleiner sein kann. Die Schutzbeschaltung kann man am einfachsten parallel zu dem meist zweckmäßigen Trenntrafo legen. Liegt eine Induktivität auch als Lastwiderstand im Thyristorkreis, so muß diese allerdings durch eine besondere Beschaltung – evtl. eine Freilaufdiode gesichert werden. In unseren nachfolgenden Schaltbildern haben wir die Schutzbeschaltung meist nicht mit eingezeichnet, um durch ihre Darstellung die Übersicht über das Wesentliche der Schaltung nicht zu erschweren. Es ist jedoch dringend zu empfehlen, eine Schutzbeschaltung wenigstens des Trafos und auf jeden Fall einer induktiven Last immer vorzusehen.

Ebenso empfindlich wie gegen Überspannung ist der Thyristor gegen Überstrom. Beim Zünden fließt der Strom im Thyristor im ersten Moment nur über wenige kleine Punkte der Sperrschichten. An diesen winzigen Stellen tritt daher schon in sehr kurzen Momenten eine starke Erwärmung auf, die die Schichten u.U. zerstört. Sofern nicht in irgendeiner Weise eine zwangsläufige Strombegrenzung gegeben ist, sind daher möglichst Schutzmaßnahmen auch gegen kurzzeitige Überströme vorzusehen. Für kleine Thyristoren ist ein solcher schnell wirkender Schutz praktisch kaum möglich. Wenn ein Überstromschutz nicht schon mit dem Überspannungsschutz gegeben ist, so muß man einen defekt werdenden kleinen Thyristor evtl. schon als Lehrgeld in Kauf nehmen. Große und entsprechend teure Thyristoren schützt man schon aus Gründen der Betriebssicherheit durch überflinke Sicherungen.

Im übrigen geben die Hersteller für ihre Thyristoren immer mindestens zwei Werte für die zulässigen Ströme an. Der eine Wert betrifft den dauernd höchsten zulässigen Strom, der andere den für eine bestimmte mit angegebene kurze Zeit zulässigen Strom. Gelegentlich werden noch eingehendere Angaben, auch über den Mittelwert eines pulsierenden Stromes, gemacht. Es empfiehlt sich also, sich gegebenenfalls über den zulässigen Strom beim Hersteller des Thyristors näher zu informieren, soweit man nicht bereit ist, freiwillig mit der Belastung unter Einrechnung einer gewissen Sicherheit unterhalb der zulässigen Belastung zu bleiben. Dabei ist bei Belastung durch Glühlampen besonders zu beachten, daß der Strom beim Einschalten im kalten Zustand u.U. bis zum Zehnfachen größer sein kann als im Dauerzustand bei voller Helligkeit.

In jüngster Zeit wurden einige weitere Arten von Thyristoren entwickelt. Sie haben sich bis jetzt jedoch noch nicht besonders gut durchgesetzt, da ihre Eigenschaften noch nicht sehr vollkommen sind. Sie seien daher hier nur kurz erwähnt. Es handelt sich um den sogenannten PUT (**p**rogrammier**b**arer **U**njunktion **T**ransistor) sowie um die Thyristor-Tetrode. Der erstere ist ein Thyristor mit ganz ähnlichen Eigenschaften wie der Unjunktion-Transistor, den wir später in Kapitel 3.3 kennenlernen werden und der auch ähnlich verwendet wird. Der grundsätzliche Unterschied gegenüber dem normalen Thyristor liegt jedoch darin, daß seine Steuerelektrode auf der Anodenseite liegt, so daß er stets über einen Spannungsteiler zur Steuerung betrieben wird.

(Bild 3.1.2). Die erforderliche Steuerleistung ist dabei allerdings erheblich größer als beim normalen Thyristor, so daß der Unterschied zwischen dem Strom über die Anode und dem Strom über die Katode bereits merkbar ins Gewicht fällt.

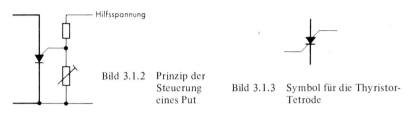

Bild 3.1.2 Prinzip der Steuerung eines Put

Bild 3.1.3 Symbol für die Thyristor-Tetrode

Die Thyristor-Tetrode schließlich ist gleichsam eine Kombination zwischen dem normalen Thyristor und dem PUT. Sie besitzt sowohl auf der Anodenseite wie auf der Katodenseite eine Steuerelektrode (Bild 3.1.3). Dadurch wird es möglich, den Thyristor sowohl zu zünden als auch zu löschen. Näher wollen wir auf diese Neuentwicklungen hier nicht eingehen, weil sie, wie bereits gesagt, bis heute noch keine wirkliche praktische Bedeutung erlangt haben und vorerst auch nur für verhältnismäßig kleine Leistungen hergestellt werden.

3.2 Steuern durch sinusförmige Spannungen

Der Thyristor, haben wir gesehen, kann zwar beliebig durch einen Strom über die Steuerelektrode gezündet, aber nicht wieder gelöscht werden. Er wird nur wieder in den nichtleitenden Zustand versetzt, wenn die Speisespannung, d.h. die Spannung zwischen Anode und Katode, einen Wert von ungefähr 1 V unterschreitet, d.h. praktisch zu O oder negativ wird. Wie ist unter diesen Umständen eine Steuerung des durchgelassenen Stromes möglich?

Da der Thyristor als Diode am Schluß jeder positiven Halbwelle automatisch verlischt, kann man ihn unterbrochen lassen, indem man ihm über die Steuerelektrode keinen positiven Steuerstrom zuführt. Führt man ihm einen Steuerstrom kurz vor dem Ende der positiven Halbwelle zu, so zündet er kurz vor dem Ende der Halbwelle, d.h. er läßt nur noch einen kurzen Augenblick bis zum endgültigen Nulldurchgang der Spannung einen der nur noch kleinen

82   3. Thyristor und Triac

Bild 3.2.1   Anschnittsteuerung

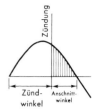

Spannung entsprechenden Strom durch. Je früher man ihn während jeder Halbwelle zündet, um so länger bleibt er bis zu ihrem Ende stromdurchlässig. Zündet man ihn sofort mit Beginn der positiven Halbwelle, so wird die Stromhalbwelle voll durchgelassen. Mit dem Zeitpunkt der Zündung während der positiven Halbwelle ändert sich also der im ganzen durchgelassene Strom und mit ihm sein Mittelwert. Diese Art der Steuerung des Thyristors nennt man eine "Anschnittsteuerung", weil eben die Halbwelle früher oder später angeschnitten wird. In Bild 3.2.1 sehen wir eine angeschnittene Halbwelle. Den elektrischen Winkel vom Beginn der Halbwelle bis zum Zeitpunkt der Zündung nennt man den "Zündwinkel". Den Winkel zwischen dem Zündzeitpunkt und dem Ende der Halbwelle, also den Winkel, über den der Strom noch fließt, nennt man den "Anschnittwinkel". Um einen bestimmten mittleren Stromdurchlaß zu erreichen, muß man also dafür sorgen, daß der Thyristor während jeder Halbwelle genau im gleichen Augenblick neu gezündet wird.

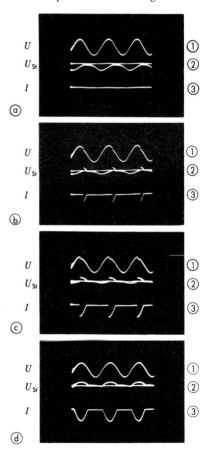

Bild 3.2.2.   Steuern des Thyristors durch Wechselspannung mit überlagerter Gleichspannung

Hierin liegt das eigentliche Wesen aller Steuerverfahren beim Thyristor. Wegen dieser ausschlaggebenden Bedeutung werden wir eine Reihe der wichtigsten Zündverfahren in diesem und den folgenden Kapiteln kennenlernen.

Zunächst kann man die Zündung durch eine sinusförmige Spannung an der Steuerelektrode bewirken. Das wollen wir anhand von Bild 3.2.2 zeigen. In diesem Bild haben wir oszillografisch mittels eines elektronischen Schalters drei Kurven aufgenommen. Die verwendete Schaltung zeigt Bild 3.2.3. Die oberste Kurve jedes Teilbildes zeigt die Speisespannung U, die als Wechselspannung mit 8 Volt effektiv und 50 Hz einem Trafo entnommen wurde. Die zweite Kurve von oben zeigt die Steuerspannung U_{St} an der Steuerelektrode des Thyristors. Zu ihr haben wir außerdem noch eine Gerade mit einzeichnen lassen, die die Steuerspannung bezeichnet, bei der der Thyristor zündet, die sogenannte "Triggerspannung" des Thyristors. Schließlich zeigt die unterste Kurve die Kurve des durchgelassenen Stromes I. Da wir mit dem Oszillografen nur Spannungen aufzeichnen können, haben wir den Widerstand R_I in den Arbeitskreis des Thyristors eingefügt, an dem eine Spannung verhältnisgleich dem Strom entsteht. Diese Spannung also haben wir als unterste Kurve aufzeichnen lassen. Es mag zunächst auffallen, daß die Kurve für

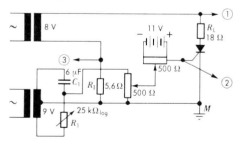

Bild 3.2.3 Schaltung zur Aufnahme der Oszillogramme nach Bild 3.2.2

den Strom scheinbar einen Strom aufzeichnet, der entgegen der Spannung gerichtet ist. Das ist aber nur scheinbar so und ergibt sich aus der Methode der Aufnahme. Vom Bezugspunkt M, der an der Erdklemme des Oszillografen liegt, gesehen fließt ja der Strom vom Thyristor nach M hin, im Widerstand R_I aber von M fort zum Trafo. Dadurch wird der Strom durch R_I, d.h. der den Thyristor durchfließende Strom entgegengesetzt aufgezeichnet wie die Spannung. Das wird bei allen folgenden Aufnahmen so sein und darf uns nicht stören. Genau genommen muß man sich also die unterste Kurve für den Strom immer nach oben umgeklappt denken.

Nun zur Auswertung des Oszillogrammes. Bei aufmerksamer Betrachtung wird man feststellen, daß die Kurve der Steuerspannung, die in Bild 3.2.2 a noch vollkommen unterhalb der Triggerspannung des Thyristors liegt, gegenüber der Speisespannung um 90° el. nacheilt. Das muß so sein, wie wir gleich sehen werden. Wie die Nacheilung erreicht wird, werden wir später näher besprechen. Die dazu erforderliche Einrichtung, bestehend aus dem Kondensator C_1 und dem Widerstand R_1 in Verbindung mit der Mittelanzapfung des Steuertrafos, ist in Bild 3.2.3 mit eingezeichnet. Sie gestattet die genaue Einstellung der Voreilung der Steuerspannung gegen die Speisespannung um 90° elektrisch.

Eine Zündung erfolgt jedoch in Bild 3.2.2 a noch nicht, weil die sinusförmige Steuerspannung durchweg unterhalb der Zündspannung des Thyristors liegt. In Bild 3.2.3 ist jedoch zu erkennen, daß in den Steuerstromkreis eine durch einen Spannungsteiler verstellbare Gleichspannung eingeführt ist, die mit der Wechselspannung in Reihe liegt. Dadurch war es überhaupt erst möglich, die sinusförmige Steuerspannung so weit ins negative zu verschieben, daß sie selbst mit ihren Höchstwerten immer noch unterhalb der Triggerspannung des Thyristors liegt.

Wenn wir jetzt die Gleichspannung weniger stark negativ machen, so heben wir damit die Summe aus Gleich- und Wechselspannung, also die Steuerspannung an der Steuerelektrode, in positiver Richtung an. Jetzt überschreitet die Steuerspannung mit ihren Höchstwerten die Triggerspannung des Thyristors kurz vor Ende der positiven Halbwellen der Speisespannung. Der Thyristor wird daher jetzt kurz vor Ende der positiven Halbwellen noch gezündet und läßt somit noch für einen kurzen Augenblick den Strom durch, wie wir an der untersten Kurve erkennen.

Je weiter wir nun die Wechsel-Steuerspannung durch die mit ihr in Reihe liegende Gleichspannung nach der positiven Seite hin verschieben, um so früher erreicht die sinusförmige Steuerspannung die Triggerspannung des Thyristors und um so früher während jeder positiven Halbwelle wird der Thyristor gezündet. Wir sehen das deutlich in den verschiedenen Oszillogrammen von Bild 3.2.2 b bis d. Allerdings wird dabei die Sinuswelle der Steuerspannung, soweit sie die Triggerspannung überschreitet, fast abgeschnitten, weil die Strecke zwischen Steuerelektrode und Katode des Thyristors eine Diode bildet, deren Schleusenspannung zwar überschritten werden muß, damit es überhaupt zu einem Stromfluß über diese Diodenstrecke kommt, aber andererseits die Durchbruchspannung bei weiterer Erhöhung des Steuerstromes bekanntlich nicht mehr viel höher ansteigt.

Wegen der Sinusform der Steuerspannung nimmt allerdings der Stromflußwinkel nicht verhältnisgleich umgekehrt mit der Gleichspannung im Steuerkreis zu. Wenn man eine verhältnisgleiche Änderung von Gleichspannung und Stromflußwinkel wünscht, kann man das erreichen, indem man statt der Sinusspannung eine dreieckförmige Spannung im Steuerkreis einsetzt. Wie man eine Dreieckspannung herstellen kann, werden wir in einem späteren Kapitel noch sehen. Vorläufig nur diese kurze Andeutung.

Man kann den Steuerwinkel aber auch anders beeinflussen als durch Überlagerung der Sinusspannung mit einer Gleichspannung. Betrachten wir hierzu Bild 3.2.4. Hier überschreitet die Steuerwechselspannung in allen drei Oszillogrammen die Triggerspannung des Thyristors praktisch überall um den gleichen Betrag. Bei genauer Betrachtung und Vergleich der drei Oszillogramme wird man jedoch erkennen, daß hier die Nacheilung der Steuerspannung gegen die Speisespannung verschieden ist. Je geringer die Nacheilung ist, desto früher wird der Thyristor während der positiven Halbwelle gezündet, weil seine Triggerspannung früher erreicht wird. Daß sich dabei allerdings die Höhe der Steuerspannung auch etwas ändert, ergibt sich aus der Anordnung, durch die die Verschiebung der Phasenlage bewirkt wird. Praktisch ist der Einfluß dieser kleinen Änderung der Steuerspannung gegenüber der Änderung ihrer Phasenlage aber von nur geringer Bedeutung.

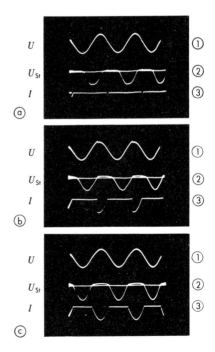

Bild 3.2.4 Steuerung des Thyristors durch Phasenverschiebung einer Sinusspannung

86   3. Thyristor und Triac

Bild 3.2.5   Zur Erklärung der Wirkungsweise der Phasenbrücke

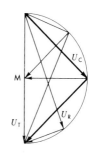

Es entsteht nun also nur noch die Frage, wie man die veränderliche Phasenlage der Steuerspannung gegenüber der Speisespannung erzeugen kann, die doch beide über Trafos aus dem gleichen Netz entnommen werden.

Hierzu dient, wie schon erwähnt, die Kombination von C_1 und R_1 mit der Mittelanzapfung des Steuertrafos. In Bild 3.2.5 bedeutet U_T die vom Trafo an den äußeren Klemmen abgegebene Spannung. Sie speist die Reihenschaltung von C_1 und R_1. Da beide vom gleichen Strom durchflossen werden, der Strom im Kondensator aber der Spannung am Kondensator um 90° el. voreilt, im Widerstand jedoch mit der Spannung in Phase ist, müssen die beiden Spannungen U_C bzw. U_R an Kondensator und Widerstand senkrecht zueinander stehen. Die drei Spannungen U_T, U_C und U_R bilden also ein rechtwinkliges Dreieck, dessen Katheten ihr Verhältnis zueinander ändern, wenn man R_1 ändert, dessen Hypotenuse U_T aber immer gleich bleibt.

In diesem Fall liegen aber nach einem Lehrsatz der Geometrie die Spitzen aller so erzeugten Spannungsdreiecke auf einem Halbkreis mit dem Durchmesser der Hypotenuse, also U_T, d.h. mit dem Mittelpunkt auf $\frac{U_T}{2}$. Der Abstand zwischen dem Mittelpunkt M und der Spitze der rechtwinkeligen Dreiecke ist der Radius des Halbkreises und daher für alle Dreiecke, die durch Verändern von R_1 entstehen, konstant. Das bedeutet, daß die Spannung zwischen der Mittelanzapfung des Trafos und dem Verbindungspunkt zwischen dem Kondensator C_1 und dem Widerstand R_1 beim Verändern von R_1 zwar ihre Richtung, d.h. ihre Phasenlage, ändert, aber ihre Größe beibehält. Praktisch ändert sich allerdings ihre Größe, wie wir in Bild 3.2.4 sahen, doch etwas. Dieser Fehler ergibt sich jedoch einfach durch die Belastung der Anordnung durch die Steuerstrecke des Thyristors. Man kann sie klein halten, indem man C_1 möglichst groß und entsprechend R_1 möglichst klein macht.

Damit haben wir also schon zwei Verfahren zur Steuerung des vom Thyristor durchgelassenen Stromes kennengelernt. Daß sie gewisse Nachteile haben, haben wir allerdings schon in Kapitel 3.1 angedeutet. Dennoch wendet man diese Verfahren ihrer Einfachheit halber gelegentlich an, wo die Nachteile nicht stören. Der Phasenbrücke, mit der wir die Phasenlage der Steuerspannung verändern können, werden wir im folgenden noch öfter begegnen. Der Leser möge sich ihre Arbeitsweise daher möglichst eingehend klarmachen.

3.3 Steuern durch Impulse

Die Nachteile der Steuerung durch eine sinus- oder dreieckförmige Spannung – erhöhter Rückstrom und erhöhte Erwärmung – umgeht man praktisch, indem man der Steuerelektrode den Zündstrom in Form kurzer Impulse zuführt, die insgesamt nur einige Mikrosekunden dauern. Da sie auf dem Oszillografen nur als ganz schmale Spitzen erscheinen, spricht man vielfach von "Nadelimpulsen".

Solche Nadelimpulse sind leicht zu erzeugen, indem man einen Kondensator auflädt und im geeigneten Augenblick über die Steuerelektrode entlädt. Da der Widerstand der Steuerstrecke immer verhältnismäßig klein ist, erfolgt die Entladung stoßartig in sehr kurzer Zeit, wenn andererseits der Kondensator nicht allzu groß ist. Er wird daher möglichst so bemessen, daß er zwar einen genügend starken Zündstrom liefert, andererseits aber die Steuerstrecke des Thyristors keinesfalls überlastet.

Die wesentliche Forderung bei der Verwirklichung dieses Prinzips zur Erzeugung von Nadelimpulsen liegt darin, die Impulse für die Anschnittsteuerung zeitlich richtig zu steuern, daß sie also während jeder Halbwelle genau im gleichen Augenblick erfolgen und daß sich der Anschnittwinkel auf möglichst einfache Weise wählen und einstellen läßt. Hierfür sind zahlreiche Schaltungen entwickelt worden, von denen wir hier nur einige der am meisten benutzten besprechen wollen.

Zuvor jedoch eine Zwischenbemerkung. Bei den folgenden Versuchen und oszillografischen Aufnahmen, in denen die Wirkungsweise der verschiedenen Verfahren gezeigt werden soll, wurde der Thyristor immer im Gleichstromkreis hinter einem Gleichrichter in Brückenschaltung betrieben, so daß sich die Vorgänge also nicht nur, wie bei den bisherigen Versuchen, während der positiven Halbwellen abspielen, sondern sich bei jeder Halbwelle wiederholen. Da der pulsierende Gleichstrom hinter dem Gleichrichter nach jedem Impuls auf 0 zurückgeht, ist einwandfreies Löschen sichergestellt. Da im übrigen der Thyristor in sehr vielen Fällen für die Steuerung von Gleichstrom verwendet wird – die meisten thyristorgesteuerten motorischen Antriebe arbeiten mit einem Gleichstrommotor –, ist auf diese Weise gleich ein Verfahren für die Steuerung von Gleichstrom gegeben. Die Auswirkung der Steuerung bei Doppelweggleichrichtung gegenüber Einweggleichrichtung bei der Steuerung von Glühlampenbeleuchtung zeigt Bild 3.3.1 a und b. Bei beiden Aufnahmen sind die Halbwellen mit gleichem Zündwinkel durchgesteuert. Bei Einweggleichrichtung ist jedoch nicht nur der von der Glühlampe erzeugte Lichtstrom weniger als halb so groß wie bei Doppelweggleichrichtung, sondern auch seine Welligkeit, d.h. das Verhältnis des momentan größten zum kleinsten Lichtstrom, ist, wie nicht anders zu erwarten, bei Doppelweggleichrichtung bedeutend günstiger, so daß sich ein besseres, flimmerfreies Licht ergibt. Ein Flimmern mit 50 Hz, wie es sich bei Einweggleichrichtung ergibt, wird vom menschlichen Auge bereits als recht unangenehm empfunden. Bei Doppelweggleichrichtung pulsiert die Stärke des Lichtstromes mit jeder Halbwelle, also mit 100 Hz, was bei großem Zündwinkel sogar bereits deutlich als Flimmern empfunden wird. Wie nachteilig Einweggleichrichtung auch beim Betrieb eines Gleichstrommotors wäre, werden wir später noch sehen. Sie kommt daher nur für Antriebe kleinster Leistung in Frage.

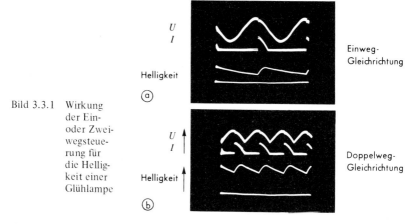

Bild 3.3.1 Wirkung der Ein- oder Zweiwegsteuerung für die Helligkeit einer Glühlampe

Eine Steuerung durch Impulse bei Doppelweggleichrichtung zeigt Bild 3.3.2. Der Kollektorkreis des Transistors Tr wird durch eine Gleichstromquelle gespeist, während der Basiskreis über einen Brückengleichrichter nur Gleichstromimpulse bekommt.

Beim Nulldurchgang der gleichgerichteten Spannung sowie kurz vorher und nachher ist der Basisstrom gleich 0 oder sehr klein. Infolgedessen ist auch der Kollektorstrom sehr niedrig, oder gleich 0. Während dieser Zeit tritt daher auch nur ein sehr geringer Spannungsabfall am Kollektorwiderstand R_2 auf, so daß der Kondensator C_1 über R_2 und die Diode D_1 von der Stromquelle des Kollektorkreises aufgeladen wird. Wenn jetzt jedoch die Basis des Transistors über den Gleichrichter negative Spannung gegen den Emitter erhält, so wird der Transistor leitend. Er bildet nahezu einen Kurzschluß. Der Kondensator C_1 entladet sich daher jetzt stoßweise über den Transistor und – da die Diode D_1 für diese Stromrichtung gesperrt ist – über die Steuerstrecke des Thyristors, der somit gezündet wird.

Dieser Vorgang wiederholt sich mit jeder Halbwelle. Der Zeitpunkt der Zündung während der Halbwelle wird dabei durch die Phasenlage der Basisspannung des Transistors bestimmt, die wieder über eine Phasenbrücke, wie wir sie bereits aus Kapitel 3.2 kennen, frei wählbar bestimmt werden kann.

In praktisch ausgeführten Schaltungen wird natürlich für die Erzeugung der Kollektorspannung des Transistors nicht, wie in Bild 3.3.2 der Einfachheit und besseren Übersicht halber gezeichnet, eine Batterie, sondern eine besondere Wicklung des Trafos mit Gleichrichter und Siebglied verwendet.

Die Arbeitsweise dieser Schaltung im einzelnen ist wieder sehr gut anhand der Oszillogramme von Bild 3.3.3 zu verfolgen. In Bild 3.3.3 a ist die Phase der Basisspannung des Transistors so eingestellt, daß die Spannung 0 ist,

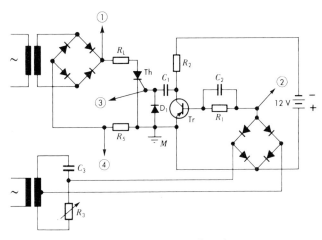

Bild 3.3.2   Steuerung des Thyristors durch phasengesteuerte Impulse

wenn gleichzeitig die Speisespannung des Thyristors nahezu gleich 0 ist. Dadurch wird zwar ein Zündimpuls gegeben, aber der Thyristor kann nicht zünden, weil er spannungslos ist. So kann man den reinen Zündimpuls gut erkennen. Man sieht vor jedem Impuls erst einen kurzen negativen Impuls, der durch den Spannungsabfall an der Diode D_1 beim Aufladen des Kondensators C_1 entsteht. Er setzt ein, wenn die negative Spannung an der Basis die Schwellspannung der Basis unterschreitet, so daß der Transistor sperrt. Bei Beginn der nächsten negativen Halbwelle an der Basis, sobald diese die Schwellspannung der Basis in negativer Richtung wieder überschreitet, wird der Transistor leitend, und im gleichen Moment kommt es zur stoßweisen Entladung des Kondensators. Es entsteht, wie man sieht, ein sehr kurzer positiver Impuls an der Steuerelektrode des Thyristors. Genauere Untersuchungen ergaben eine Impulsdauer von ungefähr 10 Mikrosekunden.

In Bild 3.3.3 b ist durch die Phasenbrücke eine etwas frühere Zündung eingestellt. Der Zündimpuls erfolgt kurz vor Ende der Halbwelle. Er ist nicht mehr ganz so deutlich zu erkennen, weil der jetzt fließende Strom durch den Thyristor eine gewisse bleibende Spannung an der Steuerelektrode aufrecht erhält. In Bild 3.3.3 c schließlich erfolgt die Zündung kurz nach Beginn der Halbwelle. Diese Aufnahmen wurden bei Speisung des Thyristors mit niedriger Spannung gemacht, und zwar aus einem ähnlichen Grunde, wie wir in Kapitel 1.1 die Charakteristik einer Diode einmal mit niedriger Spannung aufnahmen (Bilder 1.1.5 und 1.1.6). Man erkennt hier, wie es nicht möglich ist, die Halbwelle des Stromes vom allerersten Beginn an durchzulassen. Die Zündung kann vielmehr erst wirksam erfolgen, wenn die Speisespannung den Wert der Schwellenspannung des Thyristors, der bei etwa 3 Volt liegt, überschritten hat.

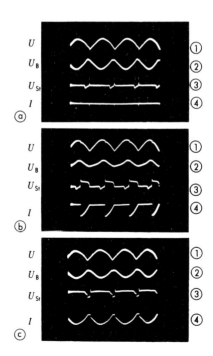

Bild 3.3.3 Arbeitsweise der Schaltung nach Bild 3.3.2

3.3 Steuern durch Impulse

Bei Bild 3.3.3 mag noch etwas auffallen, was man bei späteren Oszillogrammen noch öfters finden wird. Vergleicht man nämlich die Aufnahmen b und c miteinander, so stellt man fest, daß der Abfall des Stromes gegen Ende der Halbwelle in Bild 3.3.3 b offenbar merklich steiler erfolgt als in Bild 3.3.3 c. Der Strom setzt also in Bild b ganz klar mit einem deutlich höheren Wert ein, als er im gleichen Augenblick der Halbwelle in Bild c beträgt.

Der Grund hierfür ist nicht etwa eine vorgenommene Veränderung des Abbildungsmaßstabes am Oszillografen bzw. am elektronischen Schalter, an dem überhaupt nichts verändert wurde. Die Belastung des Thyristors erfolgte jedoch bei diesen Aufnahmen durch eine kleine Glühlampe. Diese brannte bei der Aufnahme b natürlich nur verhältnismäßig dunkel, d.h. ihre Temperatur war erheblich niedriger als bei Aufnahme c, bei der die Lampe voll aufleuchtete. Infolgedessen war aber bei Aufnahme b der Widerstand des Glühfadens erheblich kleiner, wodurch dann eben ein bei gleicher Speisespannung (Augenblickswert) höherer Strom bedingt war. So zeigt eine genaue Auswertung tatsächlich, daß der Strom beim Einsetzen nach der Hälfte der Spannungshalbwelle größer ist als der Höchstwert der Stromwelle in Bild c.

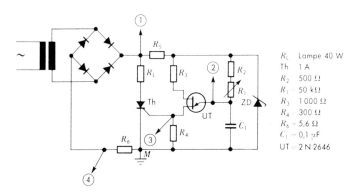

Bild 3.3.4 Steuerung des Thyristors mittels Unjunktion-Transistor

Eine von der Firma General Electric angegebene Schaltung zeigt Bild 3.3.4. Sie benutzt zur Erzeugung der Steuerimpulse einen Unjunktion-Transistor. Dieser Transistor ist ein Doppelbasis-Transistor mit zwei Basen und einem Emitter. Die Basis-Basisstrecke liegt über die zugehörigen Widerstände (s. Bild 3.3.6) an der Betriebsspannung, ist jedoch zunächst gesperrt. Übersteigt die positive Spannung des Emitters gegen die negative Seite eine gewisse

Höhe, so tritt vom Emitter ausgehend plötzlich ein Durchbruch ein, mit dem auch die Basis-Basisstrecke plötzlich leitend wird. Die Durchbruchspannung des Emitters beträgt nur wenige Volt. Man kann daher die Betriebsspannung für den eigentlichen Steuerteil der Schaltung durch einen Widerstand R_5 in Bild 3.3.4 sehr weit herabsetzen, bis auf etwa 15 − 20 Volt, und zweckmäßig durch eine Zenerdiode ZD auf einen konstanten Wert für jede Halbwelle begrenzen. Dadurch entstehen trapezförmige Halbwellen wie in Bild 1.3.2. Eine besondere Gleichstromquelle ist für den Unjunktion-Transistor hier nicht erforderlich.

Die Arbeitsweise der Schaltung wird aus Bild 3.3.5 deutlich. Der Kondensator C_1 wird über den Stellwiderstand R_1 und den Schutzwiderstand R_2 aufgeladen. In Bild 3.3.5 a geschieht das verhältnismäßig langsam. Sobald die Spannung an C_1 etwa halb so groß ist wie die Betriebsspannung an der Zenerdiode, erfolgt der Durchbruch des Unjunktion-Transistors. Der Kondensator C_1 entladet sich über den Unjunktion-Transistor und den Widerstand R_4. Außerdem aber wird auch im Unjunktion-Transistor die Strecke zwischen R_3 und R_4 leitend. Es fließt ein Strom sowohl über R_4 wie über die zu R_4 parallel liegende Steuerstrecke des Thyristors, so daß dieser zündet.

In Bild 3.3.5 a wird die Zündung erst kurz vor dem Ende der Halbwelle erreicht, so daß nur noch ein sehr kurzer Stromstoß vom Thyristor durchgelassen wird. Sobald C_1 auf eine gewisse Spannung entladen ist, wird der Unjunktion-Transistor wieder in den sperrenden Zustand versetzt, so daß ein neuer Ladevorgang von C_1 beginnt. Dieser kann sich bei Bild 3.3.5 a aber nicht auswirken, weil das Ende der Spannungshalbwelle fast erreicht ist.

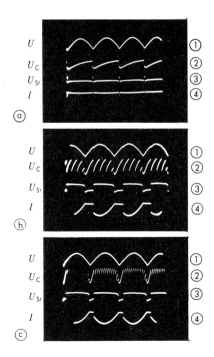

Bild 3.3.5 Arbeitsweise der Schaltung nach Bild 3.3.4

Bei der Aufnahme von Bild 3.3.5 b war R_1 so klein eingestellt, daß die Durchbruchspannung des Unjunktion-Transistors und mit ihr die Triggerspannung des Thyristors wesentlich früher, schon vor dem Höchstwert der Spannungs-Halbwelle, erreicht wurde. Die Spannung am Kondensator bricht daher schon sehr bald zusammen auf den Wert, bei dem der Unjunktion-Transistor wieder sperrt. Infolgedessen beginnt auch der neue Ladevorgang, der wegen des kleineren Widerstandes von R_1 jetzt schneller verläuft, sofort, und es kommt schon kurz darauf zu einem erneuten Durchbruch des Unjunktion-Transistors. Dieser Durchbruch bleibt aber für den Thyristor wirkungslos, da er ja bereits gezündet ist und erst beim nächsten Nulldurchgang der Speisespannung wieder löscht. So wiederholen sich Ladung und Entladung von C_1 in rascher Folge mehrere Male während jeder Halbwelle.

In Bild 3.3.5 c erfolgt die Zündung noch früher, so daß fast die ganze Halbwelle vom Thyristor durchgelassen wird. Die Lade- und Entladevorgänge von C_1 wiederholen sich dabei, wie man sieht, sehr rasch aufeinander folgend. Bis zum Durchlaß der vollen Halbwelle von Anfang an ist allerdings eine Durchsteuerung nicht möglich, weil ja der Unjunktion-Transistor immer erst eine Spannung erhalten muß, bei der ein Durchbruch erfolgen kann. Und hierzu wieder muß der Kondensator erst entsprechend weit aufgeladen sein.

Um einen möglichst frühzeitigen Zündpunkt zu ermöglichen, wird die Steuerschaltung mit dem Unjunktion-Transistor oft über einen besonderen Trafo betrieben, dessen Ausgangsspannung dann evtl. durch eine Phasenbrücke etwas voreilend verschoben werden kann. Man kann u.U. jedoch den ganzen

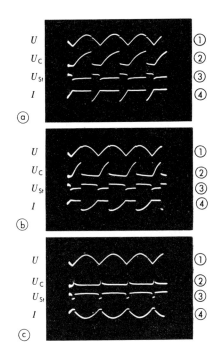

Bild 3.3.6 Arbeitsweise der Steuerung durch Unjunktion-Transistor bei Anschaltung des Unjunktion-Transistors an die Anode des Thyristors

Steuerkreis mitsamt dem Widerstand R_5 von Bild 3.3.4 auch statt an die Speisespannung unmittelbar parallel an den Thyristor legen. Man erhält dann keine wiederholten Ladungen und Entladungen während jeder Halbwelle, sondern nur eine Ladung und eine Entladung (Bild 3.3.6). Die Einstellung bei Beginn der Halbwelle wird dabei stabiler.

Die Steuerung des Unjunktion-Transistors selbst erfordert nur eine extrem kleine Steuerleistung, so daß man C_1 sehr klein und R_1 sehr groß machen kann. Die Steuerung kann dann z.B. durch einen Fotowiderstand oder ein ähnliches Bauelement ohne vorherige weitere Verstärkung erfolgen, und auch eine Regelung ist über eine Brückenschaltung leicht zu verwirklichen. Hierauf werden wir jedoch später erst näher zurückkommen.

3.4 Gesteuerte Gleichrichter

Bisher hatten wir den Thyristor immer nur als einfache steuerbare Diode betrachtet, die die negative Stromhalbwelle sperrt, die positive je nach der Einstellung der Steuerung mehr oder weniger durchläßt. Um beide Halbwellen auszunutzen, hatten wir die ganze Thyristorschaltung über einen Gleichrichter gespeist und so einen gesteuerten, pulsierenden Gleichstrom erhalten.

Da der Thyristor eine Diode ist, kann man mit ihm jedoch auch direkt einen Gleichrichter aufbauen in gleicher Weise, wie wir in Kapitel 1.2 die verschiedenen Gleichrichterschaltungen aufgeführt haben. Statt der dortigen Dioden verwendet man dann also Thyristoren. Das kann sowohl für einphasige wie für dreiphasige Schaltungen geschehen.

Es ist jedoch nicht immer notwendig, alle Dioden einer Brückenschaltung durch Thyristoren zu ersetzen. Bild 3.4.1 zeigt verschiedene Möglichkeiten. Teilbild a zeigt einen "vollgesteuerten" Gleichrichter. Hier sind alle vier Zweige mit Thyristoren bestückt. Das erfordert natürlich einen nicht unerheblichen Aufwand, denn ein Thyristor ist nicht nur teurer als eine gewöhnliche Diode gleicher Leistung, sondern er erfordert auch noch den Aufwand für seine Steuerung.

Demgegenüber zeigen die Bilder 3.4.1 b und c jeweils einen "halbgesteuerten" Gleichrichter. Hier sind jeweils nur zwei Dioden durch Thyristoren er-

3.4 Gesteuerte Gleichrichter 95

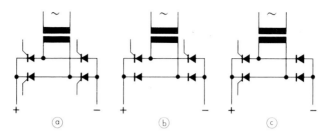

Bild 3.4.1   Voll- und halbgesteuerte einphasige Gleichrichter

setzt, während die anderen beiden Zweige nach wie vor nur einfache Dioden enthalten. Verfolgt man in den Schaltschemen die Stromwege für beide Richtungen des speisenden Wechselstromes, so erkennt man leicht, daß sich auch beim halbgesteuerten Gleichrichter jede Halbwelle in Anschnittsteuerung steuern läßt, vorausgesetzt, daß die Steuerspannung den Steuerelektroden jeweils im richtigen Augenblick aufgedrückt wird.

Für einphasige Gleichrichter wird gewöhnlich die halbgesteuerte Ausführung gewählt, weil hier die vollgesteuerte Ausführung ihr gegenüber kaum einen Vorteil bietet. Für dreiphasige Gleichrichtung liegen die Dinge etwas anders, worauf wir aber erst später näher eingehen wollen.

Steuerimpulse müssen bei der einphasigen Brückenschaltung während jeder Halbwelle gegeben werden, jedoch abwechselnd auf die verschiedenen Thyristoren. Dabei muß die Phasenlage der Impulse für beide Halbwellen gleichzeitig verändert werden. Man sieht hierfür vielfach zwei gleiche Steuerschaltungen vor, die ihrerseits abwechselnd gesteuert werden. Ein Beispiel in Anlehnung an die frühere Schaltung nach Bild 3.3.2 zeigt Bild 3.4.2.

Th_1 und Th_2 seien zwei Thyristoren einer halbgesteuerten Brückenschaltung. Der ganze rechte Teil des Bildes entspricht weitgehend der früheren Schaltung, jedoch in doppelter, symmetrischer Ausführung. Lediglich die Ansteuerung der Transistoren erfolgt hier etwas anders. Während bei der früheren Schaltung der Transistor bei jeder Halbwelle einen Impuls für den Thyristor liefern mußte, muß das jetzt jeder Transistor nur bei jeder zweiten Halbwelle. Die von der Phasenbrücke $R_5 C_3$ abgegebene Wechselspannung wird daher jetzt nicht mehr gleichgerichtet, sondern so geführt, daß die eine Halbwelle den oberen Transistor Tr, die andere den unteren Transistor Tr' durchsteuert.

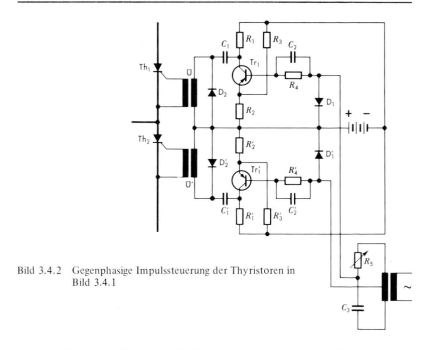

Bild 3.4.2 Gegenphasige Impulssteuerung der Thyristoren in Bild 3.4.1

Die eine Halbwelle fließt über die Diode D_1' und über R_2 vom Emitter des Transistors Tr_1 zu seiner Basis. Sie steuert diesen Transistor daher in den leitenden Zustand. Die Diode D_1 liegt für diese Halbwelle in Sperrichtung gepolt, hat also auf Tr_1 keinen Einfluß. Die entgegengesetzte Halbwelle fließt über die Diode D_1 und die Basisstrecke des Transistors Tr_1' und steuert damit diesen in den leitenden Zustand. Die Erzeugung der Impulse erfolgt dann wie früher und kann im vorigen Kapitel nochmals nachgelesen werden. Damit die Transistoren sicher sperren — nur so können ja die Kondensatoren C_1 bzw. C_1' aufgeladen werden —, erhalten die Emitter eine kleine negative Vorspannung gegen die Basis durch den Spannungsabfall an R_2 bzw. R_2', die vom Strom über R_3 und R_3' ständig durchflossen werden. Leitend wird jeder Transistor dann immer erst, wenn seine negative Basisspannung die Spannung an seinem Emitter übersteigt.

Die erzeugten Impulse können hier allerdings nicht direkt den Steuerelektroden der Thyristoren zugeführt werden. Da immer einer der beiden Thyristoren sperrt, wenn der andere leitet, besteht, wenn Th_2 sperrt, Spannung zwischen den beiden Steuerelektroden. Sie müssen daher elektrisch getrennt sein, wofür die Übertragertrafos Ü und Ü' zwischengeschaltet werden müssen.

An den oszillografisch aufzunehmenden Kurven ändert sich nichts grundsätzlich gegenüber den früheren Kurven nach Bild 3.3.3. Man hätte sich lediglich abwechselnd die Kurvenstücke der einen Halbwelle für den einen Transistor und den einen Thyristor vorzustellen, die Kurvenstücke der nächsten Halbwelle dann immer für den anderen Transistor und den anderen Thyristor. Wir haben daher auf eine besondere Aufnahme hier verzichtet.

Für Thyristoren großer Leistung müssen die von den Transistoren erzeugten Impulse u.U. erst durch einen weiteren Transistor in jeder Hälfte der Schaltung verstärkt werden, ehe sie der Steuerelektrode des jeweiligen Thyristors zugeführt werden.

Enthält die Belastung eine Induktivität, so muß diese, wie wir das schon beim Transistor sahen, durch eine Freilaufdiode überbrückt werden. Statt dessen kann man aber die Freilaufdiode gleich parallel zum Ausgang des Gleichrichters schalten (Bild 3.4.3). Bei der Schaltung nach Bild 3.4.1 b ist eine besondere Freilaufdiode jedoch nicht erforderlich, da die ungesteuerten Dioden zugleich als solche wirken können.

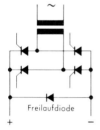

Bild 3.4.3   Freilaufdiode beim vollgesteuerten Gleichrichter

3.5 Steuern von Wechselstrom mit Thyristor und Triac

Der Thyristor als steuerbare Diode läßt, wie wir jetzt längst wissen, nur Strom in einer Richtung, also nur Gleichstrom durch. Dennoch kann man mit ihm auch Wechselstrom steuern. Man braucht dazu nur zwei Thyristoren entgegengesetzt gepolt parallel zu schalten (Bild 3.5.1) und entsprechend zu steuern. Genau wie im vorigen Kapitel müssen die Thyristoren abwechselnd aufgesteuert werden, d.h. während der einen Halbwelle muß der eine, während der anderen Halbwelle der andere Thyristor leiten. Dementsprechend kann man also auch die gleiche Steuerschaltung verwenden wie im vorigen Kapitel, wobei nur die Ausgangswicklungen der Übertrager entsprechend gepolt werden müssen.

98   3. Thyristor und Triac

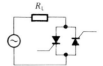

Bild 3.5.1   Steuern von Wechselstrom durch zwei entgegengesetzt gepolte Thyristoren (Gegenschaltung)

Bild 3.5.2   Symbol des Triacs

Diese Antiparallelschaltung kommt heute jedoch nur noch für große Leistungen in Betracht. Für kleinere und mittlere Leistungen gibt es heute eine Weiterentwicklung des Thyristors, den Triac, der, wie seinerzeit der Thyristor, ständig für größere Leistungen weiter entwickelt und hergestellt wird. Der Triac ist ein Thyristor, der Strom in beiden Richtungen durchläßt. Das heißt also, er sperrt zunächst beide Richtungen und wird plötzlich voll leitend, wenn ihm ein schwacher Strom über eine Steuerelektrode zugeführt wird. Dafür, d.h. für beide Stromrichtungen, ist nur eine einzige Steuerelektrode erforderlich. Dieser muß nur ein Strom in der Richtung zugeführt werden, in der Triac leitend werden soll.

Das zeichnerische Symbol (Bild 3.5.2) deutet die Durchlaßrichtung in beiden Richtungen an, dazu die Steuerelektrode ähnlich wie beim Thyristor. Der Anschluß für die Steuerelektrode wird auf die Seite gezeichnet, an welche die Steuerspannung zwischen den äußeren Anschluß und die Steuerelektrode gelegt werden muß.

Die Steuerung erfolgt wie beim Thyristor durch Anschnittsteuerung der einzelnen Halbwellen. Das geschieht auf dem einfachen Weg mittels einer Triggerdiode, die beide Stromrichtungen zunächst sperrt und in beiden Strom-

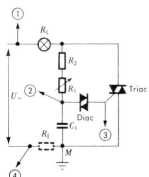

Bild 3.5.3   Prinzipielle Steuerschaltung für den Triac mittels Diac

richtungen bei einer bestimmten anliegenden Spannung durchbricht, also leitend wird. Diese doppelt wirkende Triggerdiode wird als Diac bezeichnet. Das zeichnerische Symbol für den Diac ist das gleiche wie für den Triac lediglich unter Fortlassung des Anschlusses für eine Steuerelektrode.

Bild 3.5.3 zeigt die, wie man sieht, im Prinzip sehr einfache Steuerschaltung für den Triac mit Diac. Als Belastung R_L ist hier wieder eine Glühlampe angenommen. Durch den Wechselstrom wird über den Stellwiderstand R_1 und den Schutzwiderstand R_2 der Kondensator C_1 mit wechselnder Polarität aufgeladen. Jedesmal, wenn die Durchbruchspannung des Diac erreicht ist, wird dieser leitend, und es kommt zur Entladung über die Steuerstrecke des Triac. Der Zeitpunkt der Entladung während jeder Halbwelle hängt von der eingestellten Größe des Stellwiderstandes R_1 ab. Er wirkt sich beim Triac für beide Stromrichtungen gleich aus. Bild 3.5.4 zeigt die Vorgänge im Oszillogramm.

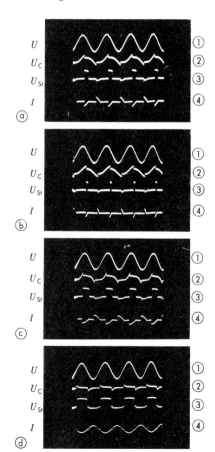

Bei der Betrachtung dieser Oszillogramme mag es zunächst den Anschein haben, als ob die Aufnahmen a und b vertauscht seien, denn die Aufnahme b zeigt einen kleineren Strom, d.h. einen kleineren Teil der Halbwellen als durchgelassen, als die Aufnahme a. Dennoch liegt keine Verwechslung vor. Es sollte nur folgendes angedeutet werden. Wenn man R_1 von einem großen Wert ausgehend langsam verkleinert, so tritt bei einer bestimmten Größe von R_1 die erste Zündung des Triacs ein (Bild 3.5.4 a). Dabei wird, wie man sieht,

Bild 3.5.4 Arbeitsweise der Schaltung nach Bild 3.5.3

bereits ein verhältnismäßig recht beträchtlicher Teil der Strom-Halbwelle vom Triac durchgelassen, und in der Tat leuchtet die Glühlampe sofort mit einer gewissen mittleren Helligkeit auf. Sie beginnt also keineswegs ganz langsam aus dem dunklen Zustand herauszutreten. Ist die Zündung jedoch erst einmal erfolgt, so kann man R_1 wieder vergrößern und so die Glühlampe kontinuierlich bis praktisch voll in den dunklen Zustand zurück steuern. Es fließt nur noch ein ganz kleiner Strom (Bild 3.5.4 b). Andererseits kann man den Triac nach der Zündung natürlich aber auch auf nahezu vollen Strom, d.h. nahezu für die volle Halbwelle durchlässig aufsteuern (Bild 3.5.4 c und d). Lediglich der allererste Anfang der Halbwellen bleibt unterdrückt, weil eben erst die Durchbruchspannung des Diac, die bei etwa 30 V liegt, erreicht sein muß.

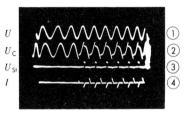

Bild 3.5.5 Einschaltvorgang bei der Schaltung nach Bild 3.5.3

Die Erscheinung, daß die erste Zündung sogleich zu einer verhältnismäßig weiten Aufsteuerung führt, die erst nachträglich wieder vermindert werden kann, bezeichnet man als Hysterese des Triacs. Wie es hierzu kommt, zeigt Bild 3.5.5. Hierfür wurde die Schaltung nach Bild 3.5.3 etwas abgeändert, wie Bild 3.5.6 zeigt, und der Einschaltvorgang mit einem einmaligen Durchgang des Oszillografenstrahles über den Bildschirm aufgenommen. R_1 wurde so eingestellt, daß gerade noch keine Zündung erfolgt. So sehen wir im linken Teil von Bild 3.5.5 die Spannung U_c am Kondensator C_1 als reine Sinusspannung. Sodann wurde kurz nach Beginn des Strahldurchlaufes über den Bildschirm mittels eines automatisch gesteuerten Relais ein verhältnismäßig kleiner Widerstand R_v im Steuerkreis kurzgeschlossen (Bild 3.5.6). Dadurch stieg die nächste (in diesem Falle negative) Halbwelle der Spannung am Kondensator C_1 so hoch an, daß die Durchbruchspannung des Diac gerade noch ganz kurz vor Ende der Halbwelle erreicht wurde. Der Triac wurde daher noch gerade kurz gezündet, was man an der Stromkurve deutlich als kleine Zacke erkennt.

Beim Durchbruch des Diac wird der Kondensator jedoch sprungartig bis auf eine niedrigere Spannung entladen, bei der der Diac wieder sperrt. Man sieht

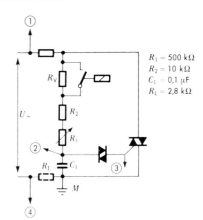

$R_1 = 500\ \text{k}\Omega$
$R_2 = 10\ \text{k}\Omega$
$C_1 = 0{,}1\ \mu\text{F}$
$R_L = 2{,}8\ \text{k}\Omega$

Bild 3.5.6   Schaltung zur Durchführung des Versuches nach Bild 3.5.5

diese sprunghafte Spannungsabsenkung am Kondensator im Oszillogramm deutlich. Für das Erreichen der Durchbruchspannung des Diac bei der nächsten (negativen) Halbwelle sind hierdurch aber insofern günstigere Verhältnisse geschaffen, als der Kondensator jetzt nicht vom Höchstwert der einen Halbwelle bis zur Durchbruchspannung bei der nächsten Halbwelle umgeladen werden muß, die erforderliche Umladung vielmehr dadurch erleichtert ist, daß sie nach dem ersten Entladesprung von einer niedrigeren Spannung ausgeht als von dem Höchstwert der vorigen Halbwelle. Dadurch erfolgt die Umladung schneller und somit zu einem früheren Zeitpunkt während der Halbwelle. Von der ersten Halbwelle nach der ersten Zündung ab wird daher ein größerer Teil der Halbwelle durchgelassen als bei der ersten Zündung. Die Sinusspannung am Kondensator wird jetzt also bei jedem Zündvorgang sprunghaft etwas nach oben oder unten verschoben, wodurch die Durchbruchspannung des Diac eher erreicht wird. Nachträglich kann man dann den Zündzeitpunkt wieder später legen, indem man den Umladevorgang durch Vergrößern von R_1 verzögert.

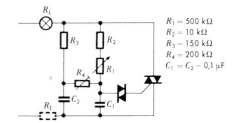

$R_1 = 500\ \text{k}\Omega$
$R_2 = 10\ \text{k}\Omega$
$R_3 = 150\ \text{k}\Omega$
$R_4 = 200\ \text{k}\Omega$
$C_1 = C_2 = 0{,}1\ \mu\text{F}$

Bild 3.5.7   Einfache Schaltung zum Unterdrücken der Hysterese

Das plötzliche Auftreten eines bereits nicht unbedeutenden Stromes beim Einschalten mit dem Triac würde natürlich in vielen Fällen stören. Ein Motor würde ruckweise anlaufen, eine Beleuchtungsanlage würde aus dem Dunkel plötzlich halb aufflammen usw. Man hat deshalb Wege gefunden, die Hysterese des Triac zu vermindern oder ganz aufzuheben. Das kann zum Teil geschehen durch eine kleine Erweiterung der Steuerschaltung nach Bild 3.5.7, die eine weitere Kombination mit den Widerständen R_3 und R_4 sowie einem Kondensator C_2 enthält. Bei geeigneter Bemessung der Größen und günstiger Einstellung von R_4 erfolgt jetzt eine teilweise Entladung von C_1 nicht erst nach der ersten Zündung, sondern schon vorher rückwärts über R_4 auf den über R_3 langsamer aufgeladenen Kondensator C_2. Dadurch macht sich der Entladesprung nach der ersten Zündung nicht mehr so stark bemerkbar, und der erste Stromeinsatz erfolgt weniger sprunghaft mit kleinerem Anfangsstrom. Auf eine oszillografische Aufnahme hiervon konnte verzichtet werden, da die Oszillogramme im Prinzip genauso aussehen wie in Bild 3.5.4, nur daß der Einsatz des Stromes hier bei kleineren Werten erfolgt.

Allerdings zeigt diese Schaltung eine andere merkwürdige Eigenschaft. Wenn man, um die Glühlampe auszuschalten, R_1 langsam vergrößert, so kommt es vor, daß die Lampe unmittelbar vor dem Verlöschen nochmals kurz voll aufblitzt, was natürlich ebenfalls unerwünscht ist. Der Grund hierfür liegt darin, daß, wenn die Ladung von C_1 für eine Zündung kurz vor Schluß einer Halbwelle nicht mehr ausreicht, u.U. eine nachträgliche kleine Nachladung von C_2 her erfolgt, da C_2, wie wir bereits sagten, mit seinen Ladevorgängen immer etwas hinter C_1 nachfolgt. Im ungünstigen Fall kann das nun dazu führen, daß diese Nachladung noch zum Durchbruch des Diacs kurz nach dem Ende einer Halbwelle, d.h. zu Beginn der nächsten Halbwelle erfolgt. Diese eine Halbwelle wird dann also noch voll durchgelassen, was man auf dem Oszillografenschirm deutlich beobachten kann. Eine fotografische Aufnahme ist schwierig, weil die Erscheinung eben nur unter ganz bestimmten Voraussetzungen auftritt, wenn der Widerstand von R_1 einen bestimmten kritischen Wert beim Vergrößern gerade in einem bestimmten Augenblick während einer Halbwelle überschreitet.

Dieser Mangel zugleich mit der Hysterese wird sicher vermieden durch eine Schaltung nach Bild 3.5.8 mit zwei Dioden. Die Erklärung ihrer Wirkungsweise ist nicht ganz einfach. Wir wollen aber versuchen, sie anhand der Oszillogramme von Bild 3.5.9 zu geben.

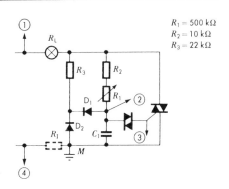

$R_1 = 500\ \text{k}\Omega$
$R_2 = 10\ \text{k}\Omega$
$R_3 = 22\ \text{k}\Omega$

Bild 3.5.8 Verbesserte Schaltung zum Unterdrücken der Hysterese

Im Teilbild a reicht die Spannung U_C am Kondensator bei der positiven Halbwelle noch nicht ganz aus, um den Diac zum Zünden zu bringen. Trotzdem bricht sie, wie man sieht, wenn auch verhältnismäßig langsam, zusammen, weil sich C_1 über die Diode D_1 entladen kann, sobald die negative Halbwelle beginnt (s. die oberste Kurve der Speisespannung). Bei der negativen Halbwelle kann die Umladung dann aber rasch erfolgen, da R_3 wesentlich kleiner ist als $R_1 + R_2$ und die Diode D_1 für diese Stromrichtung fast einen Kurzschluß bedeutet. So kommt es bei der negativen Halbwelle zum Zünden.

Da die Entladung diesmal nicht vollständig über eine Diode, sondern über den Diac erfolgt und nur bis zu der Spannung, bei der dieser wieder sperrt,

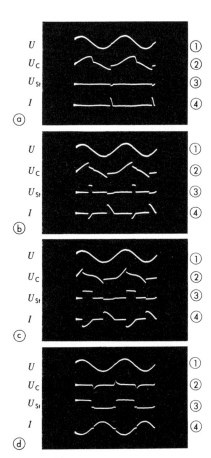

Bild 3.5.9 Wirkung der Schaltung nach Bild 3.5.8

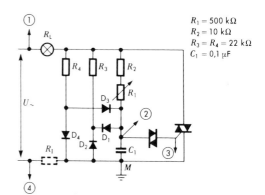

Bild 3.5.10 Verbesserte Schaltung zur Unterdrückung des überlagerten Gleichstromes bei der Schaltung nach Bild 3.5.8

so erfolgt auch bei der nächsten positiven Halbwelle keine Zündung, weil der Kondensator dazu schneller umgeladen werden müßte, als es die Einstellung von R_1 zuläßt. Erst wenn man R_1 weiter verkleinert, kommt es schließlich zur Zündung auch bei der positiven Halbwelle, jedoch zeigen die Teilbilder b und c deutlich, daß die positive Halbwelle regelmäßig später zündet als die negative, was sich erst bei Zündung der nahezu vollen Halbwelle (Teilbild d) ausgleicht.

Die ungleichen positiven und negativen Halbwellenteile bei erst teilweiser Aufsteuerung bedeuten im Mittel natürlich so etwas wie einen überlagerten Gleichstrom. Für die Steuerung einer Beleuchtung wäre das ohne besondere Bedeutung. Der Gleichstrom wirkt sich jedoch nachteilig aus, wenn die Belastung eine Induktivität enthält. Man kann jedoch auch diesen Nachteil noch ausschalten durch Hinzufügen einer weiteren, symmetrisch, d.h. umgekehrt wirkenden Diodenkombination (Bild 3.5.10). Hiermit erreicht man sodann (Bild 3.5.11) eine vollkommen wechselstrommäßige, dabei hysteresisfreie Steuerung.

Welches der beschriebenen Verfahren man anwendet, richtet sich jeweils nach den im Einzelfall zu stellenden Anforderungen und dem dafür wirtschaftlich vertretbaren Aufwand.

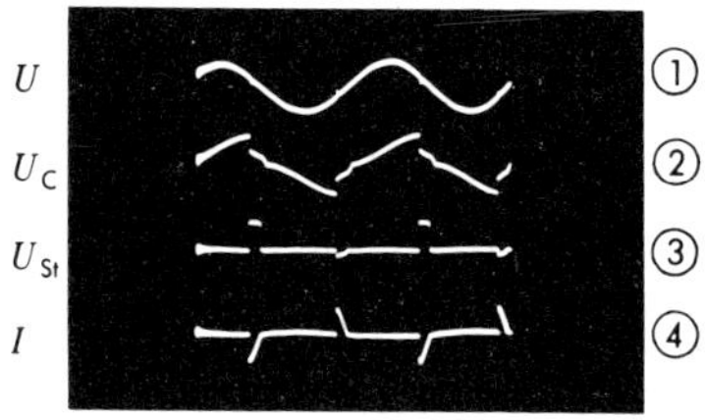

Bild 3.5.11 Wirkung der Schaltung nach Bild 3.5.10 bei kleiner Aussteuerung

3.6 Schalten und Steuern bei Gleichstrom

Der Thyristor läßt sich, wie wir längst wissen, durch einen Strom über die Steuerelektrode vom nichtleitenden in den leitenden Zustand überführen, aber nicht umgekehrt, etwa durch einen entgegengesetzten Steuerstrom vom leitenden Zustand in den nichtleitenden Zustand zurückführen, wie das z.B. beim Transistor ohne weiteres möglich ist. Der Thyristor wird nur wieder nichtleitend, wenn mindestens für einen ganz kurzen Augenblick die Spannung zwischen seinen Elektroden, also zwischen Anode und Katode, gleich 0 oder vielleicht sogar umgepolt wird. Damit ist bei Gleichstrom wohl das Einschalten durch Zünden über die Steuerelektrode möglich, nicht aber ein Unterbrechen des einmal fließenden Gleichstromes. Hierfür sind daher besondere Kunstgriffe nötig, durch die die Spannung am Thyristor für einen Augenblick zum Verschwinden gebracht wird.

Man könnte das nach Bild 3.6.1 einfach machen, indem man den Thyristor für einen Augenblick durch den Schalter S kurzschließt. In Wirklichkeit jedoch würde dadurch kaum etwas erreicht. Zunächst einmal müßte der Schalter den vollen Strom der Last R_L übernehmen und dann abschalten. Dann aber brauchte man ja den Thyristor überhaupt nicht mehr. Vor allem aber: Wenn der Schalter wieder geöffnet wird, so würde die Spannung sprungartig wieder am Thyristor anstehen. Bei einem so steilen Anstieg der Spannung zündet der Thyristor aber wieder, auch wenn kein Impuls über die Steuerelektrode erfolgt. Die Löschvorrichtung muß also doch etwas erweitert werden.

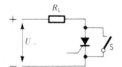

Bild 3.6.1 Prinzip der Löschung des Thyristors bei Gleichstrom (Praktisch in dieser Form unbrauchbar)

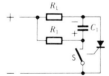

Bild 3.6.2 Löschen durch Löschkondensator

Eine wesentliche Verbesserung würde bereits die Schaltung nach Bild 3.6.2 darstellen. Sie enthält zusätzlich einen Kondensator C_1, der über einen Widerstand R_1 parallel zum Lastwiderstand R_L liegt. Solange der Thyristor geschlossen, d.h. leitend ist, liegt praktisch die volle Speise-Gleichspannung an R_L, so daß der Kondensator C_1 über den Widerstand aufgeladen wird. Dabei nimmt er die Polarität an, wie eingezeichnet.

Wird jetzt der Schalter S geschlossen, so wird damit der Kondensator mit seiner vollen Spannung, aber mit "falscher" Polarität an den Thyristor gelegt, an dem ja während des Stromdurchganges nur eine sehr kleine Spannung liegt. Da die Spannung des Kondensators aber weit überwiegt, wird der Thyristor durch sie kurzzeitig umgepolt, so daß er verlöscht. Danach kann die Spannung zwischen Anode und Katode nicht sofort sprungartig wieder ansteigen, denn dazu muß ja der parallel liegende Kondensator C_1 erst wieder aufgeladen, sogar auf seine frühere Polarität umgeladen werden, denn solange der Schalter geschlossen ist, liegt ja die vorher negativ geladene, im Bild obere Belegung an Plus der Gleichstromseite. Erst nach Öffnen des Schalters S kann sich der Kondensator über R_1 und R_L entladen. Wenn der Thyristor dann wieder gezündet wird – die Zündeinrichtung, die hier nichts zur Sache tut, haben wir in der Zeichnung fortgelassen –, wird der Kondensator wieder mit der früheren Polarität aufgeladen, so daß er für den nächsten Löschvorgang wieder betriebsbereit ist.

Der Schalter S führt hier also nur einen sehr kurzen Augenblick einen hohen Strom. Die Richtung dieses Stromes ändert sich dabei in keinem Augenblick. Es ist daher möglich, den Schalter durch einen zweiten Thyristor als Hilfsthyristor zu ersetzen. Macht man den Widerstand R_1 groß genug, so kann der Strom nach dem Löschen des Haupttransistors so klein gehalten werden, daß er kleiner wird als der Haltestrom des Hilfsthyristors, so daß dieser sofort nach dem Löschen des Haupttransistors ebenfalls wieder nichtleitend wird. Bild 3.6.3 zeigt eine derartige Schaltung in etwas anderer Darstellungsweise. Th_1 ist der Hauptthyristor, der die Last R_L schaltet, Th_2 ist der Hilfsthyristor, der den Hauptthyristor zu löschen hat. Die Schaltung wird gelegentlich auch in der Form nach Bild 3.6.4 ausgeführt, durch die sich jedoch grundsätzlich nichts ändert.

In jedem Fall muß nach jedem Löschvorgang der Kondensator C_1 über den Widerstand R_1 neu auf- bzw. umgeladen werden. Da R_1 nicht zu klein werden darf, damit für den Hilfsthyristor, nachdem der Hauptthyristor gelöscht

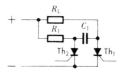

Bild 3.6.3   Löschen bei Gleichstrom durch Hilfsthyristor

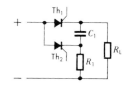

Bild 3.6.4   Abwandlung der Schaltung nach Bild 3.6.3

ist, der Strom über R_1 kleiner wird als sein Haltestrom, bedeutet das, daß das Aufladen von C_1 immer eine gewisse Zeit dauert. Wenn C_1 nicht wieder ausreichend aufgeladen ist, wenn der Hauptthyristor wieder gezündet wurde, kann kein neuer Löschvorgang erfolgen. Man kann hierfür zwar C_1 und R_1 günstigst wählen, aber die Frequenz, mit der Zünden und Löschen erfolgen können, mit der also der Strom durch R_L unterbrochen und wieder eingeschaltet werden kann, bleibt auf wenige Hundert Hertz beschränkt. Um sie weiter erhöhen zu können, müßte also R_1 wesentlich verkleinert werden können, ohne daß dadurch der Strom durch den Hilfsthyristor vergrößert wird.

Auf diesen Gedanken läuft die Schaltung nach Bild 3.6.5 hinaus. Bei ihr kommt R_1 überhaupt in Fortfall, und die Neuladung von C_1 erfolgt auf andere Weise.

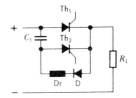

Bild 3.6.5 Löschschaltung mit Umschwingdrossel

Zunächst sei der Hauptthyristor Th_1 gelöscht, also unterbrochen, der Hilfsthyristor Th_2 geschlossen. Dann ladet sich C_1 über den Hilfsthyristor und die Last R_L auf, und nach beendeter Aufladung verlöscht auch der Hilfsthyristor, weil über ihn kein Ladestrom mehr fließt.

Wird jetzt der Hauptthyristor Th_1 gezündet, so entladet sich der Kondensator C_1 über ihn sowie über die Diode D und die Drossel D_r. Kondensator und Drossel bilden den Teil eines Schwingungskreises, der durch den plötzlichen Stromstoß beim Schließen von Th_1 angestoßen wird. Die erste halbe Schwingung fließt über Th_1, die Diode D und die Drossel Dr und ladet den Kondensator wie bei jeder Schwingung, auf die entgegengesetzte Polarität um. Vorher war, solange Th_1 geöffnet und Th_2 geschlossen war, die obere Belegung von C_1 positiv, die untere negativ geladen. Bei der jetzigen Entladung nach Öffnen von Th_2 wird durch den Stromstoß über die Diode D die untere Belegung positiv aufgeladen, die obere negativ. Ein Rückschwingen kann nicht erfolgen, weil dafür die Diode D dem Strom den Weg versperrt. C_1 ist jetzt wieder richtig gepolt, um den Hilfsthyristor Th_2 zu zünden, sobald der dazu erforderliche neue Zündimpuls über die Steuerelektrode erfolgt. Zwar ladet sich der Kondensator beim Zünden von Th_1 nicht ganz auf seine frühere volle Spannung um, weil die Widerstände im Ladekreis das verhindern. Aber bei entsprechender Bemessung reicht die erreichte Spannung immer noch aus, um Th_2 zum Zünden zu bringen, so daß sich der Vorgang wiederholen kann. Für die Aufladung von C_1 sind hier nur die geringen Widerstände der Drossel und der Diode maßgebend, so daß sie u.U. sehr rasch erfolgt. Auf diese Weise werden Schaltfrequenzen normal bis etwa 800 Hz ermöglicht, bei besonders günstiger Bemessung und durch weitere Kunstgriffe kann man sogar auf 2 bis 3 kHz kommen.

Die beschriebenen Schaltungen gestatten zunächst allerdings nur das Ein- und Ausschalten eines Gleichstromkreises auf den vollen Strom, der durch Spannung und Lastwiderstand R_L gegeben ist, oder auf Strom 0, da der Thyristor, wie wir wissen, im Gegensatz zum Transistor nur die Schaltzustände "Leitend" und "Nichtleitend" (Schließen und Öffnen) kennt, jedoch keine Zwischenzustände. Ein Steuern von Gleichstrom ist mit dem Thyristor daher nur so möglich, daß man mit ihm den Strom in mehr oder weniger schneller Folge unterbricht und einschaltet, so daß sich bei geeigneter Glättung ein Mittelwert ausbildet. Will man auch diesen Mittelwert noch verändern, so muß man das Verhältnis von Einschaltzeit zu Unterbrechungszeit ebenfalls noch verändern, d.h. man muß die (zeitlich gesehen) Breite der Stromimpulse gegenüber den Strompausen verändern. Eine solche "Impulsbreitensteuerung" ist natürlich wieder Sache der Steuerung der Zündimpulse auf die Steuerelektroden, in diesem Fall von Haupt- und Hilfsthyristor. Mit einer gleichzeitigen Verschiebung beider, wie etwa beim Triac innerhalb einer durch das Netz gegebenen Halbwelle, ist es hier nicht getan. Im Gegenteil. Der zeitliche Abstand der Zündimpulse für Haupt- und Hilfsthyristor muß hier verändert werden, damit die Stromimpulse länger, die Strompausen dazwischen jedoch gleichzeitig kürzer werden oder umgekehrt. Daß hierzu eine umfangreichere Steuerschaltung mit Transistoren notwendig ist, dürfte ohne weiteres klar sein. Ein Weg hierzu soll im folgenden besprochen werden.

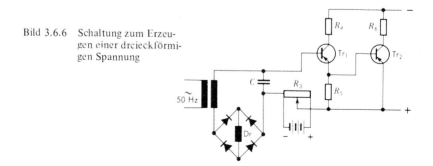

Bild 3.6.6 Schaltung zum Erzeugen einer dreieckförmigen Spannung

3.6 Schalten und Steuern bei Gleichstrom

Ausgegangen wird dabei von Rechteckimpulsen, die beispielsweise durch einen astabilen Multivibrator erzeugt werden können. Wenn für die Impulsfrequenz die Frequenz des Netzes ausreicht, so lassen sich die Rechteckimpulse noch einfacher erzeugen. Sorgt man nämlich bei einem Gleichrichter in einphasiger Brückenschaltung durch eine Drossel im Gleichstromkreis dafür, daß der normal aus gleichgerichteten sinusförmigen Halbwellen bestehende Gleichstrom gut geglättet wird (Bild 3.6.6), so erhält man auf der speisenden Wechselstromseite eine mehr oder weniger gute Rechteckkurve für Spannung und Strom. Eine so gewonnene Kurve sehen wir in dem Oszillogramm Bild 3.6.7 als oberste Kurve. Sie ist zwar nicht genau rechteckig, besitzt aber immerhin genügend steile Flanken, auf die es hier wesentlich mit ankommt.

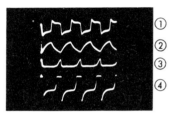

Bild 3.6.7 Herstellung von 2 steilen Flankenspannungen mit steuerbarem seitlichem Abstand nach Bild 3.6.8

Läßt man durch die waagerechten Teile der Spannung einen Kondensator C aufladen (Bild 3.6.6), so kann man an ihm eine dreieckförmig zu- und abnehmende Spannung abnehmen. In Bild 3.6.7 zeigt die zweite Kurve von oben zwar eine nicht genau dreieckförmige aber immerhin dreieckähnliche Kurve. Sie kam dadurch zustande, daß bei dem für das Oszillogramm gemachten Versuchsaufbau (Bild 3.6.8) die abgenommene Spannung aus bestimmten Gründen nochmals durch eine RC-Kombination unterteilt werden mußte, wie links in Bild 3.6.8 erkennbar. Die Dreiecksseiten werden so in Bild 3.6.7 durch die Ladekurve des Kondensators C_1 etwas verzerrt, was aber ebenfalls — jedenfalls für den vorliegenden Versuch — ohne Bedeutung ist.

Die Dreieckspannung wird nun (Bild 3.6.6) der Basis eines Transistors Tr_1 zugeführt. Mit der Dreieckspannung in Reihe ist jedoch noch eine durch R_3 verstellbare Gleichspannung geschaltet, die höher ist als die Dreieckspannung und zunächst so weit negativ, daß der Transistor selbst dann noch voll leitend bleibt, wenn die Dreieckspannung gerade auf ihrem höchsten positiven Wert ist. Sie hat dann also keine Wirkung auf den Kollektorstrom des Transistors Tr_1.

110 3. Thyristor und Triac

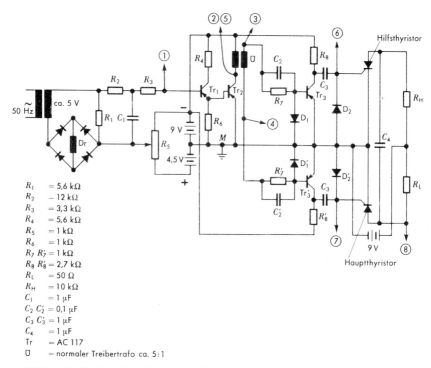

$R_1 = 5{,}6\ \text{k}\Omega$
$R_2 = 12\ \text{k}\Omega$
$R_3 = 3{,}3\ \text{k}\Omega$
$R_4 = 5{,}6\ \text{k}\Omega$
$R_5 = 1\ \text{k}\Omega$
$R_6 = 1\ \text{k}\Omega$
$R_7\ R_7' = 1\ \text{k}\Omega$
$R_8\ R_8' = 2{,}7\ \text{k}\Omega$
$R_L = 50\ \Omega$
$R_H = 10\ \text{k}\Omega$
$C_1 = 1\ \mu\text{F}$
$C_2\ C_2' = 0{,}1\ \mu\text{F}$
$C_3\ C_3' = 1\ \mu\text{F}$
$C_4 = 1\ \mu\text{F}$
Tr $=$ AC 117
Ü $=$ normaler Treibertrafo ca. 5:1

Bild 3.6.8 Vollständige Schaltung für Impulsbreitensteuerung

Macht man nun die Gleich-Vorspannung kleiner, so beginnen sich mehr und mehr die positiven Spitzen der Dreieckspannung bemerkbar zu machen, indem sie dem Kollektorstrom solche Spitzen in positiver Richtung aufzwingen, durch die der Kollektorstrom mit diesen Spitzen jeweils absinkt. Der Kollektor selbst wird daher mit den Spitzen negativer. Die dritte Kurve von oben in Bild 3.6.7 zeigt die Kollektorspannung bei mittlerer Gleich-Vorspannung. Macht man die Gleich-Vorspannung noch kleiner und schließlich sogar positiv, so kommt die volle Dreieckspannung in der Kollektorspannung zum Wirken. Durch Kopplung über den Emitterwiderstand vor dem Transistor Tr_1 wird die Dreieckspannung durch den weiteren Transistor Tr_2 noch weiter verstärkt, so daß dieser sogar schließlich stark übersteuert wird und die Flanken seiner Kollektorspannung sehr steil werden. Wie in Bild 3.6.7 die unterste Kurve zeigt, tritt eine Übersteuerung schon ein, ehe die Dreieckspannung sich voll auswirkt.

Im Kollektorkreis des Transistors Tr_2 liegt nun ein Übertragertrafo Ü. Durch den fast sprunghaften Anstieg des Primärstromes wird in ihm das Magnetfeld sehr schnell aufgebaut, bei der fast sprunghaften Stromabnahme wird es ebenso schnell wieder abgebaut. Dabei entsteht in der Ausgangswicklung jedesmal ein kurzer Spannungsstoß, der für beide Vorgänge verschiedene Richtung hat. Diese Impulse werden zur geeigneten Umformung einer Schaltung wie in unserem früheren Bild 3.4.2 zugeführt.

Im Gegensatz zu Bild 3.4.2 erfolgen die wechselnden Impulse aber nicht im regelmäßigen Abstand von 180° el., sondern der Abstand je zweier entgegengesetzter Impulse richtet sich jetzt nach dem Abstand der vom Übertrager abgegebenen Impulse, d.h. nach der eingestellten Höhe der Dreieckspannung am Transistor Tr_1. In Bild 3.6.9 haben wir oben diese Dreieckspannung nochmals dargestellt, und zwar in den Teilbildern a bis c mit verschiedener Höhe. So folgt in Teilbild a auf den Zündimpuls des Hilfsthyristors (zweite Kurve von oben), mit dem der Hauptthyristor gelöscht wird, der nächste Zündimpuls für die Wiederzündung des Hauptthyristors (3. Kurve von oben) erst sehr spät, erst kurz vor dem nächsten Zündimpuls für den Hauptthyristor. Der Hauptthyristor bleibt also während jeder Periode lange gesperrt. Er wird nur kurzzeitig leitend. An seiner Anode liegt während der weit überwiegenden Zeit der Periode die volle positive Speisespannung (unterste Kurve).

Die Teilbilder b und c von Bild 3.6.9 zeigen, wie der Zündimpuls für den Hauptthyristor immer früher auf den Zündimpuls des Hilfsthyristors folgt, durch den der Hauptthyristor gelöscht wurde. Die stromführenden Zeiten

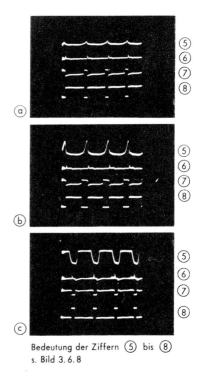

Bild 3.6.9 Arbeitsweise der Schaltung nach Bild 3.6.8, ausgehend von der im ersten Teil der Schaltung (links) erzeugten Dreieckspannung.

Bedeutung der Ziffern ⑤ bis ⑧ s. Bild 3.6.8

während jeder Periode werden also um so länger, je breiter die Impulse der obersten Kurve (genauer: je größer die Abstände der Flanken bei der obersten Kurve) wurden.

Die Impulsbreite der vom Hauptthyristor durchgelassenen Stromimpulse läßt sich somit an dem Spannungsteiler R_5 in weiten Grenzen einstellen. Ihre Frequenz ist in diesem Fall durch die Netzfrequenz fest gegeben. Sie könnte natürlich, wie bereits erwähnt, durch einen astabilen Multivibrator bestimmt und in diesem Falle bedeutend höher gelegt werden, wodurch die Glättung des Impulsstromes hinter dem Hauptthyristor vereinfacht würde. Der Mittelwert des durchgelassenen Stromes wird um so größer, je größer das Verhältnis von Stromdurchlaß zu Stromsperre während jeder Periode ist. Damit ergibt sich die Möglichkeit, auch die Stärke eines Gleichstromes im Mittel durch einen Thyristor zu steuern.

Für die Arbeitsspannung des Thyristors wurde hier eine kleine Gleichspannung von 9 V gewählt, weil diese aus einer Batterie leicht zu entnehmen ist. Bei höherer Spannung ändert sich jedoch nur der Widerstand R_H und der Kondensator C_4. Die Spannungsverhältnisse im Steuerteil werden dadurch nicht berührt.

3.7 Wechselrichter und Umrichter

Unter einem Wechselrichter versteht man eine Art Umkehrung des Gleichrichters, durch die Gleichstrom in Wechselstrom von bestimmter, gewünschter Frequenz umgeformt wird. Der Umrichter formt Wechselstrom von gegebener Frequenz in Wechselstrom einer anderen, verlangten Frequenz um. In beiden Fällen wird oft die Forderung gestellt, daß die Ausgangsfrequenz in gewissen Grenzen frei wählbar und einstellbar ist.

Der einfachere Fall ist der Wechselrichter, mit dem wir uns zunächst beschäftigen wollen. In vielen Fällen dient er dazu, in Form von Gleichstrom anfallende Energie in Wechselstrom umzuformen, um sie so an ein Netz zurückzuliefern. In diesem Fall muß der Takt für die Wechselrichtung von der Frequenz des Netzes hergeleitet werden. Man spricht in diesem Fall daher von einem "netzgeführten" Wechselrichter.

3.7 Wechselrichter und Umrichter

Erzeugt der Wechselrichter Wechselstrom für ein eigenes Netz, so wird er "selbstgeführt", wenn er seinen Takt, d.h. die abgegebene Frequenz selbst bestimmt. In vielen Fällen wird dem Wechselrichter jedoch die zu erzeugende Frequenz durch einen besonderen Taktgeber aufgezwungen. Man sagt dann, der Wechselrichter ist "zwangskommutiert". Der Taktgeber kann ein kleiner, evtl. mit veränderbarer Drehzahl angetriebener Wechselstromgenerator sein oder ein astabiler Multivibrator. Der erstere erleichtert die Steuerung der Frequenz, der letztere gestattet auf einfachere Weise die Erzeugung steiler Steuerimpulse, die, wie wir bereits wissen, für die Steuerung des Thyristors günstig sind.

Wie bereits erwähnt, ist der Wechselrichter eine Umkehrung des Gleichrichters. Im Prinzip kommen für ihn daher auch die gleichen Schaltungen in Frage wie für einen Gleichrichter, nur müssen die Dioden eben so gepolt und steuerbar sein, daß die Wirkung entsprechend umgekehrt wird. Man verwendet also Thyristoren.

Bild 3.7.1 zeigt eine einfache Schaltung, die der Mittelpunktschaltung des Gleichrichters entspricht. Die beiden Thyristoren werden abwechselnd durch einen Impulsgenerator IG in bereits bekannter Weise gezündet.

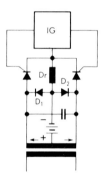

Bild 3.7.1 Wechselrichter in Mittelpunktschaltung

Für den Wechselrichter kommen natürlich zwei gleiche Leistungsthyristoren in Frage, die sich gegenseitig über den Löschkondensator C löschen, wie wir das beim Schalten von Gleichstrom bereits kennengelernt haben. Durch die Gegentaktschaltung der Eingangswicklung des Trafos wird eine Magnetisierung des Kernes mit Gleichstrom vermieden, die sonst zu erhöhten Eisenverlusten und damit zu erhöhter Erwärmung des Trafos führen würde.

Die Eigenschaft des Trafos als Induktivität einerseits sowie andererseits die Tatsache, daß der Gleichstrom durch die Thyristoren sprunghaft geschlossen und unterbrochen wird, bedingt allerdings einige weitere Zusätze. Beim Unterbrechen des Stromes in der einen Wicklungshälfte des Trafos und gleichzeitigem Einschalten des Stromes in der anderen Wicklungshälfte wird das Feld des Trafos umgepolt. Dafür ist Blindstrom erforderlich, den der Thyristor-Wechselrichter nicht ohne weiteres liefern kann. Auch der Löschkondensator könnte den Blindstrom nicht liefern, weil seine Ladung und Entladung durch die Thyristoren gesteuert werden. Für den Ausgleich des Blindstromes sind daher zusätzlich in Bild 3.7.1 die Dioden D_1 und D_2 vorgesehen, die als Freilaufdioden wirken, wie wir das bereits für das Schalten von Induktivitäten durch den Transistor kennengelernt haben. Andererseits könnte sich der Löschkondensator C während des Löschvorganges so schnell umpolen, daß der Löschvorgang nicht mehr einwandfrei abläuft, so daß beide Thyristoren gleichzeitig geschlossen werden oder dauernd leitend bleiben. Der zu schnelle Stromanstieg wird daher durch eine Drossel Dr im Gleichstromkreis verhindert.

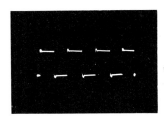

Bild 3.7.2 Nach der vorigen Schaltung erhaltene Ausgangsspannung

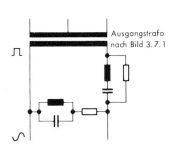

Bild 3.7.3 Filterschaltung zum Umformen der Spannung nach Bild 3.7.2 in eine sinusförmige Wechselspannung

Trotz dieser Mittel würde sich jedoch noch keineswegs eine sinusförmige Stromkurve am Ausgang des Trafos ergeben. Die Rechteckkurve (Bild 3.7.2) wird vielmehr im günstigsten Fall zu einer Art Trapezkurve umgeformt. Arbeitet der Wechselrichter auf ein Netz, dessen Kurve durch andere Stromquellen sinusförmig gehalten wird, so würden sich durch die abweichende Spannung des Wechselrichters hohe Ströme ergeben. Wird nur eine bestimmte, feste Frequenz verlangt, so läßt sich eine sinusförmige Ausgangsspannung durch ein Resonanzfilter erzwingen, das aus Induktivitäten und Kapazitäten mit geeigneten Dämpfungswiderständen besteht, wie in Bild 3.7.3 gezeigt. Bei veränderlicher Ausgangsfrequenz müssen die Spannungsabweichungen durch die Induktivität einer Drossel aufgenommen werden, die vor oder hinter dem Trafo im Stromkreis liegen kann.

3.7 Wechselrichter und Umrichter 115

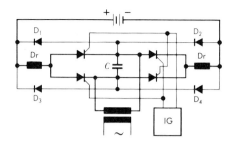

Bild 3.7.4 Wechselrichter in Brückenschaltung

Eine Schaltung, die der Brückenschaltung des Gleichrichters entspricht, zeigt Bild 3.7.4. Hier werden die Thyristoren paarweise gleichzeitig gesteuert. Hinsichtlich des durch Freilaufdioden aufzunehmenden Blindstromes sowie hinsichtlich der Vermeidung eines zu schnellen Stromanstieges durch Drosseln im Gleichstromkreis gilt sinngemäß das gleiche wie oben gesagt, ebenso für die Anpassung der trapezförmigen Ausgangsspannung an die Sinusform.

Der Impulsgenerator IG muß die Thyristorpaare abwechselnd im Abstand von gleichbleibend 180° el. schließen und löschen. Würde man eine Impulsbreitensteuerung vornehmen, wie etwa in Bild 3.6.9, so würde sich im Mittel ein dem Wechselstrom überlagerter Gleichstrom ergeben, was natürlich vermieden werden muß. Der Impulsgenerator könnte also beispielsweise nach Bild 3.7.5 geschaltet sein. Die Eingangsimpulse können bei einem netzgeführten Wechselrichter aus dem Netz in der gleichen Weise abgeleitet werden wie in der Schaltung nach Bild 3.4.2, also über eine Phasenbrücke, durch die gleichzeitig eine Steuerung der Belastung erfolgen kann, oder nach Bild 3.6.8, bei der allerdings ebenfalls für die richtige Phasenlage zum Netz gesorgt werden muß.

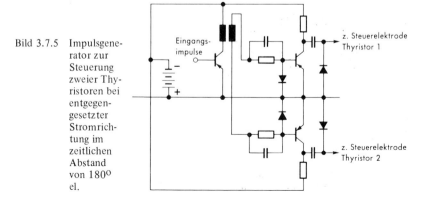

Bild 3.7.5 Impulsgenerator zur Steuerung zweier Thyristoren bei entgegengesetzter Stromrichtung im zeitlichen Abstand von 180° el.

Bei einem fremdgeführten Wechselrichter kann die Steuerung, wie bereits erwähnt, durch einen kleinen Wechselstromgenerator, evtl. mit veränderlicher Drehzahl und entsprechender Frequenz erfolgen oder durch einen Multivibrator. Der letztere gestattet u.U. eine Steuerung mit viel höherer Frequenz, womit sich eine Möglichkeit ergibt, als Ausgangsfrequenz eine nahezu sinusförmige Spannung zu erhalten. Das Prinzip ist etwa das folgende.

In Bild 3.7.6 sehen wir im Prinzip die gleiche Schaltung wie wir sie nach Bild 3.6.8 für die Impulsbreitensteuerung bei Gleichstrom verwendeten. Die Impulsbreite wurde damals von Hand durch Veränderung der Gleichstrom-Vorspannung des Transistors Tr_1 verändert. Stellt man nun die Gleichspannung für eine mittlere Impulsbreite ein und überlagert man ihr eine kleine sinusförmige Wechselspannung, so ändert sich bei gleichbleibender hoher Impulsfrequenz des astabilen Multivibrators MV die Impulsbreite zeitlich nach einem Sinusgesetz. Damit ändert sich aber auch der kurzzeitig genommene Mittelwert zeitlich nach einem Sinusgesetz. Um das zu zeigen, haben wir in Bild 3.7.7 die Ausgangs-Spannung eines so aufgebauten Wechselrichters aufgenommen, in der deutlich die wechselnde Impulsbreite zu erkennen ist. Darüber haben wir über einen Kondensator den kurzzeitig schwankenden Mittelwert gebildet, allerdings nicht vollkommen, sondern so, daß sein Zustandekommen aus den wechselnden Impulsbreiten noch zu erkennen ist. Wie man sieht, ist der Mittelwert eine Sinuskurve, die in ihrem Verlauf den Verlauf der

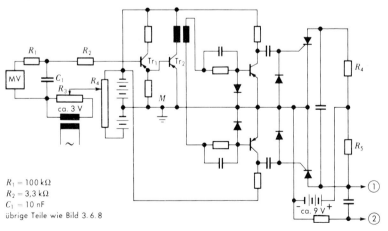

Bild 3.7.6 Erweiterung der Schaltung nach Bild 3.6.8 für Impulsbreitensteuerung mit nach dem Sinusgesetz veränderlicher Impulsbreite

3.7 Wechselrichter und Umrichter

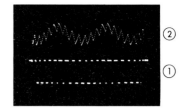

Bild 3.7.7 Nach der vorigen Schaltung gewonnene Impulse (1) und daraus als Mittelwert gewonnene Sinuskurve (2)

Sinusspannung entspricht, die dem Transistor Tr_1 aufgedrückt wurde. Eine weitere Glättung würde eine sehr gute Sinuskurve ergeben, besonders wenn man die Impulsfrequenz des Multivibrators wesentlich höher wählen würde, als wir es hier der deutlichen Erkennbarkeit wegen getan haben. Die Frequenz der Sinuskurve könnte natürlich beliebig verändert werden, indem man dem Transistor Tr_1 eine entsprechend veränderliche Frequenz zuführt.

Für den praktischen Gebrauch würde man die Widerstände R_4 und R_5 durch zwei Eingangswicklungen eines Trafos ersetzen, an dessen Ausgang man dann evtl. noch Glättungsglieder legen könnte, so daß man eine sehr gute Sinuskurve erhält.

Sehr häufig muß zugleich mit der Frequenz auch die Höhe der vom Wechselrichter abgegebenen Spannung geändert werden. Das gilt insbesondere dann, wenn die veränderliche Frequenz zur Drehzahlsteuerung eines normalen Drehstrommotors dienen soll. In diesem Fall muß die Spannung ungefähr umgekehrt verhältnisgleich mit der Frequenz zu- bzw. abnehmen, damit der Motor mit ständig gleichbleibendem magnetischem Feld betrieben und somit gut ausgenutzt wird.

Eine Steuerung der abgegebenen Spannung ist nun auf verschiedene Weise möglich, wie in Bild 3.7.8 beispielsweise angedeutet ist. Im Teilbild a ist die Breite der rechteckförmigen Halbwellenimpulse gesteuert, wodurch sich für die Halbwellen verschiedene Mittelwerte ergeben. Natürlich ist eine solche Steuerung nicht einfach nach Bild 3.7.8 bei entsprechender Änderung der Thyristorschaltung im Sinne von Bild 3.7.1 möglich. Den Grund dafür – das Auftreten einer überlagerten Gleichspannung – erwähnten wir schon früher. Vielmehr muß jeder der beiden Thyristoren durch einen eigenen Hilfsthyristor gesteuert werden, wobei die beiden getrennten Steuereinrichtungen wieder untereinander entsprechend synchronisiert werden müssen, so daß die positiven und negativen Halbwellen auch bei Verkürzung ihren Abstand von 180° el. beibehalten müssen. Auf die hierzu erforderliche Komplizierung der Schaltung können wir hier nicht eingehen.

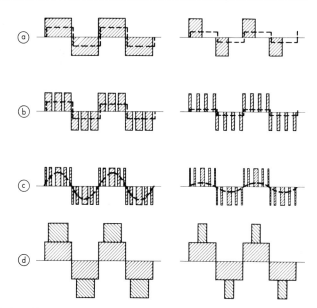

Bild 3.7.8 Verschiedene Möglichkeiten zum Erzeugen einer mehr oder weniger vollkommenen Sinusform

In Bild 3.7.8 b werden die einzelnen Halbwellen, d.h. ihr Mittelwert, durch Veränderung der Impulsbreite gesteuert, wie bei der Steuerung der Spannung bei Gleichstrom. In Teilbild c schließlich wird die Impulsbreite während jeder Halbwelle noch so gesteuert, daß sich eine sinusförmige Halbwelle ergibt.

Eine weitere Möglichkeit zeigt Bild 3.7.8 d, die durch die im Prinzip in Bild 3.7.9 dargestellte Schaltung mit zwei in Reihe liegenden Wechselrichtern verwirklicht wird. Der eine Wechselrichter liefert die längeren Halbwellenimpulse, denen durch den zweiten Wechselrichter in ihrer Länge veränderliche kürzere Halbwellenimpulse überlagert werden. Durch Steuerung der Impulsbreite beider Wechselrichter läßt sich eine Steuerung in weiten Grenzen bei gleichzeitig möglichst geringer Lückung und möglichst guter Annäherung an die Sinusform erreichen.

Der Umrichter, der also eine anfallende Frequenz in eine andere Frequenz umformt, läßt sich verhältnismäßig leicht verwirklichen, durch einen Gleichstrom-Zwischenkreis. Das heißt, die umzurichtende Eingangsfrequenz wird zunächst auf normale Weise gleichgerichtet und der so entstehende Gleichstrom anschließend durch einen Wechselrichter in die gewünschte Ausgangsfrequenz umgeformt (Bild 3.7.10). Um einwandfreie Umrichtung zu ermöglichen, muß der Gleichstrom gewöhnlich durch eine Drossel einigermaßen geglättet werden. Ein Kondensator hinter der Drossel zur weiteren Glättung (vgl. Kapitel 1.2) ist nur in Ausnahmefällen erforderlich. Ist gleichzeitig eine Spannungssteuerung erforderlich, so erfolgt diese meist durch Steuerung des Gleichrichterteiles nach unserem Bild 3.4.1.

Derartige Umrichter haben besonders Bedeutung erlangt zur Änderung des Schlupfes und damit zur Steuerung der Drehzahl eines Schleifringmotors. Der Läuferstrom wird hierbei von seiner niedrigen Frequenz auf Netzfrequenz umgeformt und an das Netz zurückgeliefert. Durch entsprechende Steuerung wird dem Läufer eine bestimmte Frequenz und Spannung und damit ein bestimmter Schlupf und eine bestimmte Drehzahl aufgezwungen. Durch Umkehren der Anordnung kann der Motor über den Umrichter rückwärts in der Drehzahl bis in den übersynchronen Bereich hinein gesteuert werden.

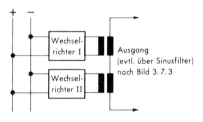

Bild 3.7.9 Gewinnung der Kurvenform nach Bild 3.7.8 d

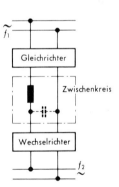

Bild 3.7.10 Umrichter mit Zwischenkreis

In der Regel handelt es sich jedoch darum, einen normalen Asynchronmotor mit Käfigläufer über die Frequenz im untersynchronen Bereich zu steuern. Hierzu muß also die dem Motor zugeführte Frequenz niedriger sein als die Netzfrequenz. Diese Umformung wird vielfach durch einen Umrichter nach dem sogenannten Unterschwingungsverfahren bewirkt. Wir können dieses Verfahren hier nur kurz andeuten, da eine vollständige Beschreibung für diese kurze Einführung zu kompliziert wäre.

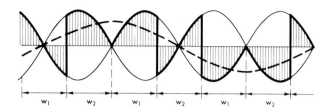

Bild 3.7.11 Spannungsverlauf beim Unterschwingungsverfahren nach Bild 3.7.12

Bild 3.7.11 zeigt die Kurven eines zweiphasigen Wechselstromes, dessen Phasen um 180° el. gegeneinander versetzt sind. Bild 3.7.12 zeigt die zugehörige Schaltung. Die Wicklung w_1 des Eingangstrafos wird über die Thyristoren Th_1 und Th_1' auf den Ausgangstrafo geschaltet, die Wicklung w_2 desgleichen über die Thyristoren Th_2 und Th_2'. Die Thyristoren Th_1 und Th_1' werden gleichzeitig geöffnet und gleichzeitig gelöscht, so daß die Wicklung w_1 Strom in beiden Richtungen auf den Ausgangstrafo geben kann. Ebenso werden die Thyristoren Th_2 und Th_2' gleichzeitig gesteuert. Die Thyristorpaare der Wicklungen w_1 und w_2 werden abwechselnd geöffnet und gelöscht, so daß die beiden Wicklungshälften abwechselnd, jedoch immer für beide Stromrichtungen durchlässig auf den Ausgangstrafo geschaltet werden.

Der Rhythmus, mit dem die Umschaltungen erfolgen, entspricht jedoch nicht den Frequenzen von Eingang und Ausgang. In Bild 3.7.11 haben wir der Einfachheit halber angenommen, daß die Umschaltung jeweils nach 2/3 einer Halbwelle der Eingangsfrequenz erfolgt. Dann stellen die schraffierten Flächen den jeweiligen Bereich dar, in dem der Strom in positiver bzw. negativer Richtung zum Ausgangstrafo durchgelassen wird. Durch die Mittelwerte haben wir eine Sinuslinie gezeichnet, die damit die Kurve des vom Ausgangstrafo abgegebenen Stromes darstellt.

In Wirklichkeit weicht die tatsächliche Stromkurve wie man sieht, in diesem einfachen Fall allerdings beträchtlich von der idealen Sinuskurve ab. Man erhält jedoch eine bedeutend bessere Annäherung, je größer die Zahl der Phasen der Eingangsfrequenz ist. So zeigt Bild 3.7.13 einen Umrichter für dreiphasigen Eingang, der, wie sich aus obigem ergibt, allerdings nicht etwa auch einen dreiphasigen Ausgang ergibt, sondern erst einen einphasigen. Für dreiphasigen Ausgang wäre also die ganze Einrichtung dreimal erforderlich, wobei die Steuerung so erfolgen müßte, daß die drei Phasen um je 120° el. gegeneinander verschoben sind. Wie man das erreichen kann, werden wir im folgenden Kapitel sehen.

Der Aufwand für derartige Schaltungen ist natürlich nicht gerade gering. Das Unterschwingungsverfahren hat sich aber gerade für die Drehzahlsteuerung normaler Käfigläufermotoren bewährt. Dabei konnte der Aufwand so weit reduziert werden, daß er sich heute auch schon für Antriebe verhältnismäßig kleiner Leistungen lohnt. Die Frequenz kann dabei bis praktisch auf 0 herab gesteuert werden.

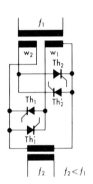

Bild 3.7.12 Schaltung für das Unterschwingungsverfahren

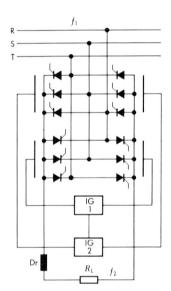

Bild 3.7.13 Verbesserte Schaltung für das Unterschwingungsverfahren

3.8 Thyristorsteuerungen bei Drehstrom

Wir haben bisher nur einphasige Schaltungen besprochen und untersucht, weil die einzelnen Vorgänge hierbei am einfachsten zu durchschauen sind. Im Prinzip sind die gleichen Steuerschaltungen jedoch auch für mehrphasige Systeme zu verwenden, nur müssen eben für die drei Phasen bei Drehstrom drei entsprechende Steuervorrichtungen vorhanden sein. Das einzige zusätzliche Problem dabei liegt darin, die drei Steuervorrichtungen in ihrer zeitlichen Funktion so zu koordinieren, daß sie die drei Phasen in genau 120° el. aufeinan-

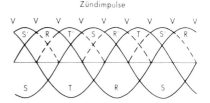

Bild 3.8.1 Folge der Zündimpulse beim 3-phasigen Wechselrichter

derfolgend steuern. Bei einem voll gesteuerten dreiphasigen Gleichrichter müssen die Impulse dementsprechend mit 60° el. aufeinander folgen und auf verschiedene Thyristoren gegeben werden (Bild 3.8.1).

Der Zündwinkel darf jedoch nicht kleiner als 30° el. sein. Würde der Zündimpuls für einen Thyristor früher gegeben, so würde die Spannung an diesem Thyristor in diesem Augenblick kleiner als die gleichgerichtete Spannung einer anderen Phase. Dadurch müßte sich ein Rückstrom ergeben, der natürlich in Wirklichkeit nicht zustande kommen kann, weil der gerade gezündete Thyristor für ihn sperrend wirkt. Im weiteren Verlauf der Halbwelle kann der Thyristor aber auch nicht mehr zünden, weil der kurze Zündimpuls dann längst vorüber ist.

Zunächst ist die zeitliche Koordinierung durch die Aufeinanderfolge der drei Phasen an sich bereits gegeben. Es kommt also nur noch darauf an, die Steuerimpulse innerhalb der einzelnen Halbwellen in den drei Phasen gleichmäßig zu verschieben. Für eine Phase geschah das z.B. mittels einer einfachen Phasenbrücke wie z.B. in der Schaltung nach Bild 3.2.3, deren Wirkungsweise wir anhand von Bild 3.2.5 näher erläutert hatten. Die Wechselspannung, aus der die Steuerimpulse gewonnen werden, ließ sich in ihrer Phasenlage einfach durch Verändern des Widerstandes beeinflussen, der mit einem festen Kondensator in Reihe liegt.

Das entscheidende dabei war, daß zwei Widerstände in Reihe lagen, von denen der eine ein reiner Wirkwiderstand, der andere ein reiner Blindwiderstand war. Geht man von dieser Feststellung aus, so muß sich eine Phasenbrücke aber ebenso durch eine Reihenschaltung eines Wirkwiderstandes mit einer Drossel herstellen lassen. Daß sich bei einer Drossel wegen des stets unvermeidlichen gleichzeitigen Wirkwiderstandes der Wicklung kein vollkommen reiner Blindwiderstand ergibt, spielt wohl kaum eine allzu schwerwiegende Rolle, solange der Blindwiderstand den Wirkwiderstand immerhin entscheidend überwiegt.

3.8 Thyristorsteuerungen bei Drehstrom

Mit einer *RC*-Phasenbrücke in einer Phase läßt sich die Phasenlage der Ausgangsspannung leicht durch den veränderbaren Wirkwiderstand einstellen. Für eine dreiphasige Steuerung müßte jedoch dafür gesorgt werden, daß die drei Widerstände stets absolut gleichmäßig geändert werden. Gut abgeglichene Drehwiderstände vorausgesetzt, wäre das leicht durch Montage der drei Widerstände auf einer gemeinsamen Achse zu erreichen. Man hätte also nur in den drei Phasen je eine Phasenbrücke vorzusehen, deren Spannungen dann um 120° el. gegeneinander verschoben sind. Man könnte dann die Phasenlage der Impulse durch die drei gemeinsam verstellbaren Widerstände auch innerhalb der einzelnen Halbwellen in allen drei Phasen gleichmäßig verschieben, so daß alle drei Phasen durch ihre Thyristoren in gleicher Weise gesteuert werden.

Das gleiche läßt sich mit Phasenbrücken machen, die statt des Kondensators eine Drossel enthalten, wobei sich das ganze jedoch sehr vereinfachen läßt, indem man nicht die Größe der Wirkwiderstände verändert, sondern die induktiven Widerstände der Drosseln. Bekannt ist der Transduktor oder Magnetverstärker. Er ist eine Drossel, deren Kern mit Gleichstrom vormagnetisiert wird. Je nach der Stärke der Vormagnetisierung ändert sich die magnetische Sättigung des Eisenkernes der Drossel. Der Strom in ihrer Wechselstromwicklung kann aber bei bestehender hoher magnetischer Sättigung die Stärke des Magnetfeldes im Eisen nur noch weniger ändern als bei schwach gesättigtem Eisen. So wird die induzierte Gegen-EMK bei hoher Sättigung kleiner und ebenso der induktive Widerstand der Drossel. Bei entsprechender Auslegung der Wicklungen und bei Wahl einer geeigneten Eisensorte für den Kern der Drossel genügt eine geringe Änderung des vormagnetisierenden Gleichstromes, um eine starke Änderung des induktiven Widerstandes der Drossel hervorzurufen. Damit aber erreicht man mit der Phasenbrücke das gleiche, nämlich eine Verschiebung der Phasenlage der Ausgangsspannung gegenüber der an die Phasenbrücke angelegten Spannung.

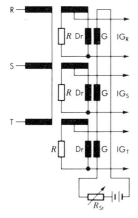

Bild 3.8.2 Phasengerechte Steuerung der Impulsgeneratoren bei Drehstrom

Eine derartige, dreiphasig ausgeführte Schaltung zeigt Bild 3.8.2. Der Trafo mit den Eingängen R-S-T induziert in den Spulen der drei Phasenbrücken die entsprechenden um je 120° el. gegeneinander verschobenen Spannungen. Jede Phasenbrücke enthält einen Widerstand R und (statt des Kondensators) eine Drossel Dr. Der Kern jeder Drossel enthält außerdem noch eine Gleichstromwicklung G, über die er vormagnetisiert wird. Die Vormagnetisierung mit Gleichstrom wird für alle drei Phasen gemeinsam mittels des Steuerwiderstandes R_{st} veränderbar eingestellt. Zwar induzieren die Wechselströme der Drosseln in den Gleichstromwicklungen auch eine Wechselspannung. Da aber die drei Spannungen in einem Drehstromsystem zusammen in jedem Augenblick gleich Null und die Gleichstromwicklungen G der drei Drosseln in Reihe geschaltet sind, wird im Gleichstromkreis insgesamt die induzierte Wechselspannung ebenfalls gleich Null. Die drei Ausgänge der Phasenbrücken werden sodann zu den drei Impulsgeneratoren IG_R, IG_S und IG_T geführt, die ihrerseits so aufgebaut sein können, wie früher in Bild 3.3.2 (für einfach gesteuerte Brückenschaltung) bzw. in Bild 3.4.2 (für doppelt gesteuerte Brückenschaltung) dargestellt. Die erstere Schaltung liefert dann Impulse mit einem Abstand von 120° el., die zweite Schaltung liefert dieselben Impulse, zu jedem Impuls jedoch noch einen weiteren, gegen den ersten um 180° el. versetzten Impuls, so daß die Schaltung als ganzes je Zyklus R-S-T 6 Impulse mit einem Abstand von je 60° el. liefert, wie es sich aus Bild 3.8.1 für die doppelt gesteuerte Drehstrom-Brückenschaltung als notwendig ergibt.

Die Schaltung nach Bild 3.8.2 mit gleichstrom-vormagnetisierten Drosseln bietet gegenüber der oben zuerst angedeuteten Schaltung mit drei gemeinsam verstellten Widerständen nicht unbedeutende Vorteile. Einerseits kommt man mit einer sehr geringen Steuerleistung aus. Weiter aber kann man auf den Drosseln noch weitere Gleichstrom-Steuerwicklungen vorsehen, die im gleichen Sinne wie die in Bild 3.8.2 gezeichneten Wicklungen G, aber auch diesen entgegen wirken können. Dadurch ist es besonders bei Regelungen möglich, die Steuerung der Thyristoren über die Impulsgeneratoren von verschiedenen Größen abhängig zu machen und z.B. den für jede Regelung notwendigen Vergleich von Ist-Wert und Sollwert auf einfache Weise ohne sonstige weitere Gerätezusätze durchzuführen.

In Wirklichkeit erhält die in Bild 3.8.2 nur schematisch gezeichnete Schaltung aus praktischen Gründen natürlich noch einige kleine Erweiterungen. So wird man die Widerstände R in den Phasenbrücken als Trimmerwiderstände einstellbar machen und ebenso den Gleichstromwicklungen G evtl. Trimmerwiderstände parallel schalten, um die Phasenlage für die Steuerung der Impulsgeneratoren genau richtig einstellen und eventuelle kleine Ungleichheiten im Aufbau ausgleichen zu können. Diese Zusätze sind aber für die grundsätzliche Wirkungsweise der Schaltung ohne Bedeutung. Auch wird man für die Gleichstrom-Vormagnetisierung praktisch natürlich keine Batterie als Stromquelle vorsehen, sondern dem Trafo der Phasenbrücken eine weitere kleine Wicklung mit Gleichrichtern und Siebglied geben.

3.9 Allgemeines zur Schaltungstechnik des Thyristors

Als Halbleiterbauelement ist der Thyristor ein verhältnismäßig empfindliches Organ. Er stellt daher bei seiner Anwendung in jedem Fall einige Forderungen hinsichtlich der Schaltungstechnik, die unbedingt und bei allen Schaltungen, bei denen er eingesetzt wird, erfüllt sein müssen, wenn er betriebssicher arbeiten und vor Ausfällen geschützt sein soll. Bei den bisher beschriebenen Schaltungen und Versuchen haben wir hierauf nicht immer Rücksicht genommen, damit das, was wir prinzipiell zeigen wollten, nicht durch Nebeneinflüsse undeutlich oder gar verfälscht wurde. Wir haben dabei also bewußt ein gewisses Risiko für die benutzten Thyristoren in Kauf genommen, was man in der Praxis gewiß nicht immer tun kann. Im folgenden sollen hierzu aber einige wichtige Ergänzungen nachgeholt werden, die man in praktisch ausgeführten Schaltungen immer berücksichtigt finden wird.

Zunächst ist hier einiges über die Empfindlichkeit des Thyristors gegen auch sehr kurzzeitige spannungsmäßige wie strommäßige Überlastung zu sagen. Die Daten des Herstellers für eine Thyristortype gelten immer nur unter der Voraussetzung, daß bestimmte Bedingungen eingehalten werden. Sie sind abgesehen von der unvermeidbaren Streuung, d.h. der Verschiedenheit infolge der Fertigungstoleranzen bei den einzelnen Exemplaren einer Type, vor allem von der Temperatur im Betrieb abhängig. Höhere Betriebstemperatur bedeutet immer eine Herabsetzung der zulässigen Strombelastbarkeit, weniger allerdings der Spannungsbelastbarkeit. Andererseits kann die Belastbarkeitsgrenze u.U. heraufgesetzt werden, wenn für gute Kühlung, z.B. durch Montage auf einem Kühlkörper, bei gutem Wärmeübergang gesorgt ist. In Zweifelsfällen ist das nähere mit dem Hersteller zu klären.

Gegen eine länger dauernde Überschreitung der zulässigen Dauer-Strombelastung schützen evtl. die für derartige Zwecke aus der allgemeinen Elektrotechnik bekannten Schutzeinrichtungen. Gegen sehr kurzzeitige Überlastung müssen überflinke Sicherungen eingesetzt werden, wenngleich auch diese nicht immer einen wirklich vollkommenen Schutz gewährleisten können, weil auch sie in krassen Fällen noch zu träge sind. Sicherer arbeiten gewisse Kippschaltungen, durch die ein Überstrom in extrem kurzer Zeit abgeschaltet wird, doch sind solche Schaltungen bis heute nicht sehr verbreitet.

Kurzzeitige Überspannungen treten vor allem auf durch plötzliche Abschaltung von Induktivitäten. Diese müssen sich, um gefährlich werden zu können, nicht unbedingt in unmittelbarer Nähe des Thyristors befinden. Überspannungen dieser Art können sich vielmehr auch in einem weitläufigen Netz über sehr große Entfernungen als sogenannte Wanderwellen fortpflanzen, ja unter bestimmten Umständen durch Resonanzwirkungen an bestimmten Punkten eines Netzes sogar noch überhöht werden. Aber auch örtlich können durch Schaltvorgänge mit kleineren Verbrauchern, z.B. auch durch Anschnittsteuerung induktiver Verbraucher kurzzeitige Überspannungen entstehen, gegen die der Thyristor geschützt werden muß.

Schutzmaßnahmen gegen derartige Spannungsüberlastungen können am Thyristor selbst, aber auch am Verbraucher oder am einspeisenden Trafo zweckmäßig oder notwendig sein. Sie bestehen gewöhnlich aus einer Reihenschaltung eines Kondensators und eines Widerstandes, die ihrerseits parallel zu der zu schützenden Stelle, vorzugsweise parallel zum Thyristor zu schalten ist. Nähere Angaben über die im Einzelfall erforderlichen Schutzmaßnahmen, insbesondere über die Größe der erforderlichen Kondensatoren und Widerstände, machen die Hersteller der Thyristoren teilweise schon in ihren Listen und sonstigen Druckschriften. Unbedingt vermieden werden muß die Parallelschaltung eines Kondensators ohne Schutzwiderstand zu einem Thyristor. Ein solcher Kondensator wird bei gesperrtem Thyristor u.U. auf die volle Betriebsspannung aufgeladen. Beim Zünden fließt dann der hohe Entladestrom des Kondensators als Kurzschlußstrom über den Thyristor, was zur sofortigen Zerstörung des Thyristors führen kann. Der Entladestrom muß daher unbedingt durch einen Widerstand geeigneter Größe auf einen für den Thyristor kurzzeitig zulässigen Wert begrenzt werden (Bild 3.9.1). Andererseits darf dieser Widerstand natürlich auch wieder nicht so groß sein, daß er die Schutzwirkung des Kondensators aufhebt. Er liegt gewöhnlich etwa in der Größenordnung von 100 bis zu wenigen Hundert Ohm.

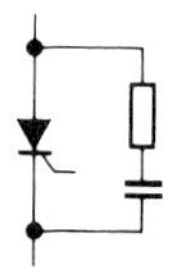

Bild 3.9.1   Schutzbeschaltung des Thyristors gegen kurzzeitige Überspannung

3.9 Allgemeines zur Schaltungstechnik des Thyristors

Der Triac erfordert im Gegensatz zum Thyristor keine besonderen Maßnahmen zum Schutz gegen Überspannungen. Der Thyristor zündet wie oben erwähnt, auch ohne Zündimpuls an der Steuerelektrode, wenn die Spannung zwischen Katode und Anode in Durchlaßrichtung zu hoch oder zu schnell ansteigt. Der Triac vereinigt jedoch gleichsam zwei Thyristoren in Antiparallelschaltung in sich. Für eine Überspannung oder für zu schnellen Spannungsanstieg wird er daher immer durchlässig, so daß an ihm durch solche Ursachen keine höhere Spannung als die Durchlaßspannung von etwa 1,3 V auftreten kann, und zwar auch nicht an der gerade gesperrten Strecke, weil diese ja zu der gezündeten Strecke parallel liegt.

Für besonders hohe Spannung, für die Thyristoren nicht mehr hergestellt werden, müßten evtl. mehrere Thyristoren in Reihe geschaltet werden. Leider ist eine voll befriedigende Möglichkeit hierfür bis heute noch nicht gefunden. Die Schwierigkeit liegt darin, zu verhindern, daß ein Thyristor, der vielleicht um wenige Mikrosekunden später zündet als der andere, dadurch kurzzeitig doch die volle, für ihn nicht mehr zulässige Spannung aushalten müßte. Für zwei Thyristoren in Reihe wird die Schaltung nach Bild 3.9.2 angegeben. Die Gesamtspannung wird hier durch hochohmige Widerstände R_1 und R_2 möglichst gleichmäßig auf die beiden sperrenden Strecken verteilt. Der Zündimpuls wird dem Thyristor Th_1 zugeführt. Sobald Th_1 gezündet hat, fließt ein Strom über die Widerstände R_3 und R_2, und der so an R_3 entstehende Spannungsabfall bewirkt über die Diode D die Zündung des zweiten Thyristors. Die Schutzbeschaltung durch die weiteren Widerstände und Kondensatoren muß vom Hersteller passend angegeben werden. Für mehr als zwei Thyristoren in Reihe gibt es bis heute noch keine sichere Lösung für die Schaltung.

Für höhere Strombelastung können zwei, evtl. auch mehrere Thyristoren parallel geschaltet werden, wenngleich auch hier die Lösung der Frage der gleichmäßigen Verteilung des Stromes nicht ideal ist. Man sucht sie zu verbessern durch Vorschalten kleiner Widerstände (etwa in der Größenordnung von 0,5 Ω) und durch höchstens 80prozentige Ausnutzung der für die einzelnen Thyristoren zulässigen Strombelastungen. Außerdem sucht man unter den Thyristoren gleicher Type möglichst Exemplare gleicher individueller Eigenschaften aus. Bild 3.9.3 zeigt eine derartige Schaltung.

Der Thyristor schaltet, wie wir wissen, einen Strom ein und aus und das, wie aus zahlreichen unserer Oszillogramme hervorging, mit sehr großer Geschwin-

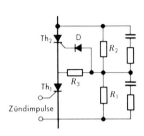 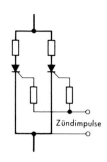

Bild 3.9.2 Reihenschaltung von 2 Thyristoren

Bild 3.9.3 Parallelschaltung von Thyristoren

digkeit. Die Stromkurven zeigten größtenteils einen sehr steil ansteigenden oder abfallenden Verlauf. Solche Kurven lassen sich mathematisch als Summe einer großen Anzahl von Sinuskurven darstellen, deren Wellenlänge bzw. Frequenz bei derart ausgeprägten Ecken bis in den Bereich der Rundfunkfrequenzen hinein reicht. Mit anderen Worten, Thyristorschaltungen, gleichgültig ob sie mit Anschnittsteuerung oder mit Gleichstromunterbrechung arbeiten, können Störungen im Rundfunk wie bei sonstigen funktechnischen Anlagen in ihrer Umgebung erzeugen. Sie müssen also funkentstört werden.

Fertige Industrieschaltungen enthalten daher stets entsprechende Entstörungsmittel, bestehend aus Hochfrequenzdrosseln und Kondensatoren. Aus den oben bereits ausgeführten Gründen haben wir bei den bisherigen Grundschaltungen und bei den oszillografisch festgehaltenen Versuchen auch auf Entstörungsmittel verzichtet, allerdings nicht, ohne uns durch besondere Versuche davon überzeugt zu haben, daß von ihnen in der in Frage kommenden Umgebung und zu den Zeiten, zu denen wir bei unseren Versuchen arbeite-

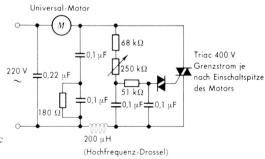

Bild 3.9.4 Steuerung eines Universalmotors durch einen Triac (sog. "Dimmer")

ten, keine Belästigungen durch Funkstörungen festzustellen waren. Bild 3.9.4.zeigt als Beispiel eine komplette Triacsteuerung (sog. Dimmer) für einen kleinen Universalmotor.

Bei allen nicht nur zufällig und kurzzeitig in Gebrauch befindlichen, mit Thyristoren arbeitenden Geräten ist jedoch eine Entstörung unumgänglich notwendig. Kleinstgeräte sollten mindestens gut gekapselt und durch die üblichen Entstörungsmittel hochfrequenzmäßig gegen das speisende Netz abgeriegelt werden. •

4. MESSWERTUMFORMER ALS GEBER FÜR STEUERBEFEHLE

4.1 Allgemeines über Meßwertumformer

Eine elektronische Steuerung soll sehr oft durch irgendwelche physikalischen Größen ausgelöst werden, die nicht elektrischer Natur sind. Da die Elektronik jedoch fast immer nur auf in elektrischer Form gegebene Steuerbefehle anspricht, müssen nichtelektrische Größen meist erst gemessen und dann in ihnen entsprechende (analoge) elektrische Größen – z.B. Höhe einer Spannung, Größe eines Widerstandes – umgeformt werden. Es ist klar, daß man eine solche Umformung in manchen Fällen einfach von Hand mittels eines Stellwiderstandes bewirken kann. In der Regel jedoch soll sie ohne Mitwirkung eines Menschen automatisch erfolgen, weil z.B. eine Automatik fast immer um zeitliche Größenordnungen schneller arbeitet. (Unter einer Größenordnung versteht man in der Mathematik das Zehnfache oder den zehnten Teil. Zwei Größenordnungen sind dann das Hundertfache oder der hundertste Teil usf.) Je nach Art der Größe, die die Steuerung auslösen soll, kommen sehr verschiedene sogenannte "Meßwertumformer" in Betracht. Der Meßwertumformer, auch als "Meßfühler" bezeichnet, liefert daher eine Art "elektrisches Abbild" seiner Eingangsgröße.

Im folgenden sollen einige Meßwertumformer für die wichtigsten, vorzugsweise am häufigsten vorkommenden nichtelektrischen Größen kurz beschrieben werden. Allerdings können die hier beschriebenen Meßwertumformer nur als Beispiele gelten. Die Zahl der nichtelektrischen Größen, die für das Auslösen eines Steuervorganges in Frage kommen können, ist ja unübersehbar groß und nimmt mit der technischen Entwicklung ständig weiter zu. Dementsprechend kommt natürlich heute auch eine große Zahl verschiedener Meßwertumformer in Frage, und praktisch für jede in der Technik neu auftauchende Aufgabe muß eine neue Lösung, d.h. ein neuer Meßwertumformer geschaffen werden. Das Problem dabei liegt meist darin, einen mit der gewünschten auslösenden Größe eindeutig verbundenen Naturvorgang zu finden, der sich für die Umsetzung in eine ihm analoge elektrische Größe eignet. Diese Vielseitigkeit (und oft genug Vieldeutigkeit) macht jedoch eine vollständige Beschreibung oder selbst nur Erwähnung aller bis heute entwickelten Meßwertumformer unmöglich.

An sich müßte ein Meßwertumformer zum Auslösen eines Steuervorgangs oftmals nur zwei Werte liefern, die dem elektrischen Zustand "Ein" oder "Aus" entsprechen (Zweipunktsteuerung). Wir haben in Kapitel 2.6 gesehen, daß sich mit Hilfe einer Logik überhaupt nur zwei Schaltzustände darstellen lassen. Diese lassen sich z.B. durch einen Schmitt-Trigger herstellen (s. Kapitel 2.4). Sehr oft ist es jedoch erwünscht oder gefordert, daß sich der Wert, bei dem eine nichtelektrische Größe einen Steuervorgang auslösen soll, in gewissen Grenzen verändern, d.h. frei wählbar einstellen lassen oder daß die zu steuernde Größe der die Steuerung auslösenden Größe nach bestimmten Gesetzmäßigkeiten folgen soll (Folgesteuerung oder Nachlaufsteuerung). Der Meßwertumformer muß hierzu also tatsächlich einen der umzuformenden Größe analogen elektrischen Wert über einen entsprechenden Bereich liefern. Von dem Ausgangswert des Meßwertumformers greift man dann in der Regel für den Steuerbefehl einen geeigneten Teil an einem Spannungsteiler o.ä. ab, durch den man das Verhältnis zwischen Eingangsgröße des Meßwertumformers und dem Steuereffekt wählen und einstellen kann.

Im folgenden werden vorzugsweise solche Meßwertumformer besprochen, die dieser Anforderung genügen. Nur gelegentlich werden wir auch Meßwertumformer anführen, die nur eine Zweipunktsteuerung ermöglichen. Die meisten der zu besprechenden Meßwertumformer liefern am Ausgang allerdings nur eine verhältnismäßig kleine Leistung, die z.B. zum Aussteuern eines Thyristors oder eines Triacs bei weitem nicht ausreicht. In diesen Fällen muß daher zunächst ein nachgeschalteter Verstärker (s. Kap. 2.2) die Steuerleistung auf einen für die Steueranordnung geeigneten, höheren Wert bringen.

Selbstverständlich ist mit Hilfe von Meßwertumformern insbesondere auch die automatische Regelung einer Größe auf einen bestimmten verlangten Wert möglich. Hierzu müssen jedoch noch weitere, ihrem Charakter nach wesentlich auch mathematisch gegebene Gesichtspunkte theoretisch wie praktisch berücksichtigt werden. Dieses Gebiet der Regelungstechnik wollen wir in diesem einführenden Buch jedoch außerhalb unserer Betrachtungen lassen.

4.2 Ausführungen von Meßwertumformern

Drehzahl

Eine Drehzahl läßt sich verhältnismäßig leicht durch einen mit ihr direkt oder über eine feste Übersetzung angetriebenen elektrischen Generator – einen Tachometergenerator – in einen analogen elektrischen Wert umsetzen. Dabei ist nur darauf zu achten, daß zwischen der Welle, deren Drehzahl elektrisch dargestellt werden soll, und dem Tachometergenerator kein Schlupf auftreten kann.

Als elektrische Abbildung der Drehzahl kommt hier eine Spannung oder eine Frequenz in Betracht. Bei den in diesem Buch behandelten Steuerverfahren wird sich in der Regel ein Tachometergenerator für Gleichspannung am besten eignen. Dabei kann es jedoch Fälle geben, in denen bei einer sehr schnell arbeitenden Steuerung die Oberwelligkeit der abgegebenen Gleichspannung bereits stört, da diese bei manchen Typen immerhin beträchtlich ist. Heute werden jedoch auch Tachogeneratoren für einen abgegebenen Gleichstrom mit einer Oberwelligkeit von weniger als 0,3 % der abgegebenen Gleichspannung geliefert. Man muß also bei einer Bestellung die in Frage kommende bzw. zulässige Oberwelligkeit erst klären.

Wenn ein kleiner Tachometergenerator die Welle, deren Drehzahl er elektrisch abbilden soll, bereits zu sehr belasten würde, muß man eine leistungslose Messung anwenden. Hierzu läßt sich z.B. eine mit der Welle umlaufende runde Scheibe, die dicht unter dem Rand in regelmäßigen Abständen Löcher besitzt, verwenden. Ein Lichtstrahl wird durch die Löcher abwechselnd freigegeben und unterbrochen, so daß ein Fotoelement o.ä., wie später besprochen wird, auf das der Lichtstrahl fällt, eine konstante, jedoch in der Frequenz der Drehzahl analoge Wechselspannung liefert. Bei einer digitalen Steuerung, die nicht zur Aufgabenstellung dieses Buches gehört und daher im letzten Kapitel nur kurz andeutend besprochen werden soll, würde man die Zahl der an dem Fotoelement in einer bestimmten Zeit, z.B. einer Sekunde oder weniger, vorbeilaufenden Löcher elektrisch zählen und durch ihre Zahl ein Maß für die Drehzahl erhalten.

Eine der Frequenz analoge Gleichspannung mit (bei geeigneter Bemessung) genügend geringer Oberwelligkeit kann man aber auch auf folgende Weise erhalten. Die einzelnen Impulse – und nur solche liefert ja eigentlich die obige Anordnung – führt man einem monostabilen Multivibrator (Kapitel 2.4) zu,

Bild 4.2.1 Gewinnung einer der Eingangsfrequenz verhältnisgleichen Gleichspannung

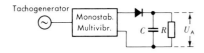

der dann am Ausgang Impulse von durchgehend zeitlich gleichbleibender Länge, jedoch mit einem zeitlich von der Drehzahl der umlaufenden Scheibe abhängigen Abstand liefert. Mit diesen Impulsen läßt man sodann über eine Diode einen Kondensator aufladen, der seinerseits sich ständig über einen Widerstand R entladen kann (Bild 4.2.1). Je höher die Impulsfrequenz ist, um so größer wird das Verhältnis zwischen Lade- und Entladezeit, um so weniger weit kann sich also der Kondensator während der Impulszwischenräume entladen, so daß die Spannung U_A am Kondensator bzw. an R ein Maß für die Drehzahl ergibt (Bild 4.2.2).

Bild 4.2.2 Glättung der Ausgangsspannung bei der Schaltung nach Bild 4.2.1

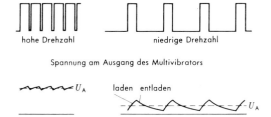

Kraft, Drehmoment

Hierzu wurde früher manchmal der piezoelektrische Effekt verwendet. Ein Kristall, in geeigneter Weise aus einem größeren Kristall (Quarz) geschnitten, nimmt zwischen zwei Punkten eine Spannung an, wenn er auf bestimmte Art und in bestimmter Richtung ganz wenig durchgebogen wird. Die Durchbiegung kann durch die elektrisch abzubildende Kraft direkt oder durch die Ausdehnung eines geeigneten Materials (z.B. Stahl) unter dem Zug der Kraft bewirkt werden.

Heute verwendet man für derartige Zwecke sogenannte Dehnungsmeßstreifen. Der Dehnungsmeßstreifen ist ein Streifen aus elastischem, isolierendem Material, auf das ein dünner Widerstandsdraht mäanderförmig fest aufgeklebt ist (Bild 4.2.3). Der Meßstreifen als ganzes wird fest auf einen Stahlstab in Längsrichtung aufgeklebt, so daß er mitsamt dem Widerstandsdraht gedehnt wird, wenn der Stab sich unter dem Einfluß einer Kraft etwas verlängert.

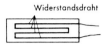

Bild 4.2.3 Dehnungs-Meßstreifen

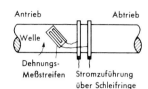

Bild 4.2.4 Anordnung der Dehnungsmeßstreifen zum Messen von Drehmomenten
(Bei zwei Drehrichtungen sind zwei gekreuzte Meßstreifen erforderlich)

Um ein Drehmoment elektrisch abzubilden, klebt man den Meßstreifen unter $45°$ gegen die Wellenachse verdreht auf die Welle (Bild 4.2.4). Die Verwindung der Welle unter Einwirkung eines Drehmomentes bewirkt dann ebenfalls eine geringe elastische Verlängerung des Dehnungsmeßstreifens. Mit ihr verlängert sich auch der Widerstandsdraht und damit wird sein Widerstandswert entsprechend größer. Diese Widerstandsänderung kann nun in einer Brückenschaltung oder auch nur in Reihenschaltung mit einem Festwiderstand einen entsprechenden Spannungsabfall liefern, dessen Änderung somit ein Maß für die Höhe des Drehmomentes liefert und für Steuerzwecke benutzt werden kann.

Licht, Helligkeit

Um eine einer Helligkeit entsprechende Spannung zu erhalten, stehen im Prinzip vier verschiedene Möglichkeiten zur Verfügung:

1. Der Fotowiderstand. Zeichnerisches Symbol nach Bild 4.2.5 a). Der Dunkelwiderstand ist gewöhnlich sehr groß und liegt im Bereich von mehreren $M\Omega$. Bei Belichtung nimmt der Wert des Fotowiderstandes mehr oder weniger stark ab.

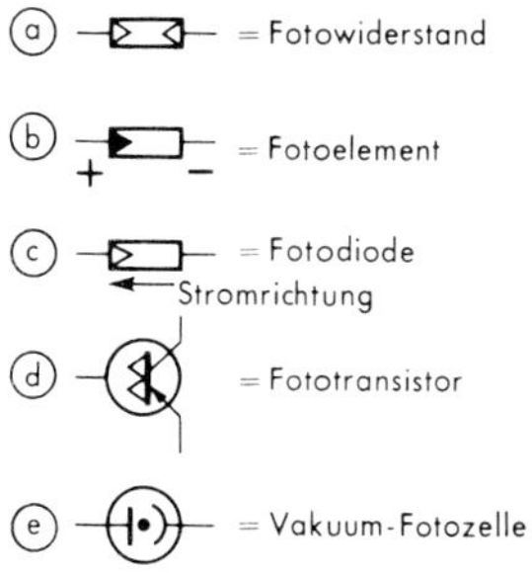

Bild 4.2.5 Symbole für lichtempfindliche elektronische Bauelemente

2. Das Fotoelement. Zeichnerisches Symbol nach Bild 4.2.5 b). Es besteht aus einer dünnen und daher noch lichtdurchlässigen Halbleiterschicht auf metallischer Unterlage. Als Halbleiter kommen vorwiegend Kupferoxydul oder Silizium in Frage. Das Fotoelement liefert eine annähernd der Beleuchtung analoge Spannung im Bereich einiger Millivolt bis Zehntelvolt, die direkt oder nach Verstärkung als Steuerbefehl wirken kann.

3. Die Fotodiode. Zeichnerisches Symbol nach Bild 4.2.5 c). Sie ist eine Diode und wird in Sperrichtung betrieben. Bei Beleuchtung der lichtempfindlichen Stelle nimmt ihr Sperrwiderstand von mehreren $M\Omega$ ab. Sie wirkt jedoch auch als Fotoelement und kann wie ein solches geschaltet und benutzt werden. Die lichtempfindliche Stelle beträgt meist nur 1 mm^2 oder weniger. Das Licht fällt je nach Type in Längs- oder Querrichtung durch ein kleines Fenster im Gehäuse ein.

4. Der Fototransistor. Zeichnerisches Symbol nach Bild 4.2.5 d). Der durchgelassene Strom wird nicht durch den Basisstrom, sondern durch die Stärke des auf die Basis fallenden Lichtes gesteuert, das durch ein Fenster im Gehäuse einfällt. In neuerer Zeit wurde auch ein Fotothyristor entwickelt, dessen Stromeinsatz durch auf die Steuerelektrode fallendes Licht gesteuert wird. Im übrigen entspricht sein Verhalten dem Verhalten eines normalen Thyristors.

5. Die Vakuum-Fotozelle. Zeichnerisches Symbol nach Bild 4.2.5 e). Sie wird in der Steuerungs- und Leistungselektronik praktisch kaum verwendet, sondern vorwiegend in der Tonfilmtechnik, so daß wir uns näheres hier ersparen können.

Bei allen erwähnten lichtelektrischen Umformern spielt die Farbe des jeweiligen Lichtes, d.h. die ihr entsprechende Wellenlänge, eine Rolle. Die Germaniumfotodiode beispielsweise besitzt ihre höchste Empfindlichkeit im infraroten Bereich, d.h. im Bereich der Wärmestrahlung. Für sichtbares rotes Licht ist sie wenig, für gelbes, grünes, blaues und violettes Licht praktisch überhaupt nicht empfindlich, eine Eigenschaft, die sich u.U. ausnutzen läßt, wenn eine Farbe maßgebend für einen Steuervorgang sein soll. Etwas andere Farbempfindlichkeit besitzen die anderen oben erwähnten lichtelektrischen Bauelemente. Die Farbempfindlichkeit eines Kupferoxydul-Fotoelementes läßt sich durch Filter der Farbempfindlichkeit des menschlichen Auges weitgehend anpassen.

In manchen Fällen könnte einfallendes Tageslicht stören und dadurch Fehlsteuerungen bewirken (z.B. bei einer Lichtschranke, die beim Durchschreiten eines Lichtstrahls durch eine Person das selbsttätige Öffnen einer Tür bewirkt). Um solche Störungen zu vermeiden, arbeitet man nicht mit gleichförmigem Licht, sondern mit pulsierendem Licht, wie es beispielsweise entsteht, wenn man eine Glühlampe über eine Diode mit Wechselstrom betreibt (vgl. Bild 3.3.1 a). Der Verstärker wird über einen Kondensator angeschlossen oder ist überhaupt ein nur mit Wechselstrom arbeitender Verstärker. Damit wird der Gleichspannungsanteil der Fotospannung, der vom Tageslicht herrührt, ausgeschieden, so daß allein die von dem Licht der Glühlampe bewirkte Wechselspannung verstärkt und als Steuerbefehl wirksam werden kann.

Wärme, Temperatur

Das altbekannte Thermoelement wird heute als Wärmefühler nur noch für sehr hohe Temperaturen benutzt, da es nur eine verhältnismäßig kleine Spannung bei Erwärmung abgibt.

Für eine einfache Zweipunktsteuerung ist der einfachste und billigste Fühler ein Kontaktthermometer. Es besitzt in das Glas eines im übrigen normalen Quecksilberthermometers eingeschmolzene Kontakte, die bei entsprechender Temperatur durch die Quecksilbersäule überbrückt und damit geschlossen werden. Solche Kontaktthermometer werden für Spezialzwecke auch mit drei und mehr Kontakten geliefert.

Die moderne Halbleitertechnik hat jedoch wärmeempfindliche Bauelemente geschaffen, die für kontinuierliche Steuerung besonders geeignet sind. Es handelt sich dabei um Materialien mit negativem Temperaturcoeffizienten (NTC-Widerstände, Heißleiter) wie um solche mit positivem Temperaturcoeffizienten (PTC-Widerstände, Kaltleiter). Bei den ersteren nimmt der Widerstand mit zunehmender Temperatur verhältnismäßig stark ab. Bei den letzteren nimmt der Widerstand mit zunehmender Temperatur zunächst nur wenig zu. Von einer bestimmten kritischen Temperatur ab steigt der Widerstand jedoch plötzlich sehr stark zu, so daß er nach wenigen Graden weiterer Temperaturzunahme bereits das Mehrfache seines ursprünglichen Wertes erreicht. Die kritische Temperatur hängt von der Zusammensetzung des jeweiligen Halbleitermaterials ab.

Die weitere Verwendung der Widerstandsänderung bei beiden Arten von Halbleitern zum Gewinnen eines Steuerbefehls kann wie oben geschehen. Es ist jedoch namentlich bei einem NTC-Widerstand darauf zu achten, daß der ihn durchfließende Strom nicht seinerseits schon eine nicht mehr unwesentliche Erwärmung erzeugt. Andererseits wird gerade die Erwärmung durch den durchfließenden Strom und die daraus folgende Widerstandsabnahme auch ausgenutzt, um einen Strom zu stabilisieren.

Die wärmeempfindlichen Halbleiterwiderstände sind allerdings nur für Temperaturen bis höchstens etwa 200°C oder weniger brauchbar.

Füllstand von Behältern

Um den Füllstand eines Behälters elektrisch abzubilden, kommen je nach Art des füllenden Materials u.U. sehr verschiedene Meßwertumformer in Frage. Sehr oft ist nur eine Zweipunktsteuerung erforderlich, durch die z.B. eine Pumpe zum Nachfüllen ein- und ausgeschaltet wird. Bei einem Behälter mit Flüssigkeitsfüllung kann das einfach durch einen Schwimmer auf der Flüssigkeit geschehen, der in den beiden Grenzlagen einen Kontakt schließt bzw. öffnet. Oftmals ist dazu überhaupt keine Elektronik erforderlich.

Bei einer undurchsichtigen Flüssigkeit oder bei sonstiger undurchsichtiger Füllung eines Behälters kann eine Zweipunktsteuerung durch je eine Lichtschranke bewirkt werden. Ein Lichtstrahl wird hierzu quer durch den Behälter geschickt, der auf der anderen Seite auf ein lichtempfindliches Bauelement (s. o.) fällt. Je eine solche Lichtschranke wird für die unterste und die oberste Grenze des Füllstandes angeordnet. Wird beim Absinken des Spiegels im Behälter die untere Lichtschranke freigegeben, so bewirkt das den einen Steuerbefehl (z.B. Einschalten eines Pumpenmotors), wird die obere Lichtschranke beim Ansteigen des Füllspiegels unterbrochen, so bewirkt das fotoelektronische Element den anderen Steuerbefehl, also z.B. Abschalten des Motors.

Eine kontinuierliche Steuerung auf Grund des Füllstandes in einem Behälter wird praktisch kaum irgendwo erforderlich sein. Sie kann durch mehrere Lichtschranken punktweise, also in groben Stufen verwirklicht werden. Wirklich kontinierlich kann eine elektrische Abbildung erfolgen, indem z.B. ein Stab aus Widerstandsmaterial als Fühler in die Flüssigkeit eintaucht, die dazu allerdings elektrisch leitfähig sein muß. Der Widerstand des Stabes bei verschiedener Eintauchtiefe liefert dann wie oben z.b. beim Fotowiderstand den Steuerbefehl. Darf der Behälter nicht mit in den Stromkreis einbezogen werden oder handelt es sich um einen Behälter aus Kunststoff, so kann man auch zwei Widerstandsstäbe einsetzen, die je nach Höhe des Füllspiegels durch den Behälterinhalt kurzgeschlossen werden, so daß ihre als Widerstand wirksame Länge entsprechend verändert wird.

Im übrigen sind gerade die Füllstandsanzeiger je nach Lage des Einzelfalles von verschiedenen gegebenen Voraussetzungen abhängig, so daß sich die Ausführung hiernach in jedem Fall speziell richten muß.

Magnetische Felder

Als Meßwertumformer für magnetische Felder bietet sich zunächst der seit längerer Zeit bekannte Hallgenerator an (so benannt nach dem Physiker Hall, der den zugrunde liegenden Hall-Effekt entdeckte). Eine dünne Halbleiterplatte von rechteckiger Form wird in Längsrichtung von einem Strom durchflossen (Bild 4.2.6). Senkrecht wird diese Halbleiterplatte von Kraftlinien des elektrisch abzubildenden Magnetfeldes durchsetzt. Dann kann in den Mitten der Längsseiten der rechteckigen Platte zwischen beiden Rechteckseiten eine kleine Spannung ("Hallspannung") abgenommen werden, die sowohl dem Magnetfeld wie dem die Platte durchfließenden Strom verhältnisgleich ist. Die Hallspannung liefert den Steuerbefehl nach entsprechender Verstärkung.

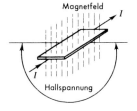

Bild 4.2.6 Hall-Generator (stark schematisiert)

Der Halleffekt kann übrigens auch dazu benutzt werden, Steuerbefehle auf Grund der Höhe einer elektrischen Leistung zu liefern. Hierzu führt man den die Leistung erzeugenden Strom — es kann Gleichstrom oder Wechselstrom sein — durch die Halbleiterplatte und erzeugt durch eine an der Spannung liegende Spule ein der Spannung verhältnisgleiches Magnetfeld. Die Hallspannung ist dann jeweils als geometrisches Produkt aus Strom und Spannung verhältnisgleich der elektrischen Leistung.

In neuerer Zeit hat man sogenannte "Feldplatten" entwickelt. Bei diesen handelt es sich um einen Halbleiter, der seinen Widerstand abhängig von dem ihn durchsetzenden Magnetfeld ändert. Früher hat man in der gleichen Weise oft einen dünnen, als flache Spirale auf eine isolierende Platte geklebten Draht aus Wismut (ein Metall) verwendet. Die neuere Feldplatte zeigt jedoch eine wesentlich stärkere, nur noch bei sehr schwachen Feldern dem Feld nicht mehr ganz verhältnisgleichen Widerstandsänderung.

Sowohl Hallplatten wie Feldplatten werden in sehr verschiedenen Größen geliefert bis herab zu Abmessungen von wenigen mm^2 als Sonden zum Einführen in einen engen Luftspalt.

Mechanische Schwingungen

Als Meßwertumformer kommt hier eine Art Mikrofon in Frage, dessen schwingender Teil mechanisch mit dem elektrisch abzubildenden Schwingungskörper gekuppelt ist. Im Prinzip können hierzu alle Arten der Strom- bzw. Spannungserzeugung verwendet werden, wie sie auch für Mikrofone verwendet werden, also sowohl elektrodynamisch wie piezoelektrisch.

Der am häufigsten verwendete elektrodynamische Schwingungsfühler besteht aus einer Spule, die im Feld eines permanenten topfförmigen Magneten schwingt, so daß in ihr Spannungen entsprechend den mechanischen Schwingungen induziert werden. Mathematisch gesehen stellen die induzierten Spannungen aber genau genommen nicht ein Abbild der eigentlichen Schwingungen dar, sondern ein Abbild ihres Differentialquotienten, d.h. der in jedem Augenblick bestehenden Änderung der Bewegungsgeschwindigkeit während einer Schwingung. Dieser mathematische Unterschied ist aber oft für eine Steuerung von zweitrangiger Bedeutung. Er kann, wenn nötig, durch eine elektrische Integrationseinrichtung – bestehend aus einem Kondensator und einem Widerstand – hinter dem Verstärker rückgängig gemacht werden. Auf die Einzelheiten dabei soll hier nicht näher eingegangen werden.

5. SPEZIELLE STEUERUNGEN

5.1 Grundsätzlicher Aufbau einer Steuervorrichtung

Unter "Steuern" versteht man ganz allgemein die Beeinflussung eines Betriebszustandes. Wir haben es bisher nur mit verhältnismäßig einfachen, man kann sagen elementaren Steuervorgängen zu tun gehabt. Weit öfter handelt es sich jedoch um die Steuerung betrieblicher Größen wie Spannung, Drehzahl, Temperatur o.ä., die jeweils bestimmte Forderungen stellen. In jedem Fall muß ein Steuervorgang durch einen Steuerbefehl eingeleitet und bewirkt werden.

Wird also ein Steuerbefehl gegeben — auf die Einzelheiten werden wir sogleich näher eingehen — so wirkt dieser Steuerbefehl auf eine Vorrichtung ein, die als Steller meist über eine Steuerung der zum Betrieb notwendigen Energie den gewünschten, veränderbaren Betriebszustand herstellt. Damit ergibt sich für einen Steuervorgang zunächst das einfache Schema nach Bild 5.1.1. Es kann jedoch in den seltensten Fällen in dieser einfachen Art verwirklicht werden. Vielmehr müssen die Mittel zu seiner Verwirklichung der jeweiligen Aufgabe im einzelnen Fall angepaßt werden. Wie das geschehen kann, soll in diesem Abschnitt anhand einiger spezieller Beispiele näher erläutert werden.

Bild 5.1.1   Schema einer Steuerung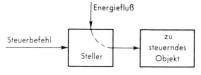

Was wir bisher besprochen haben, waren zunächst nur einzelne Elemente für einen im ganzen umfangreicheren Steuervorgang. Der Steller war dabei, je nach Leistung oder sonstiger Eignung, ein Transistor, ein Thyristor oder ein Triac. Der Ausgang des Stellers war ein je nach der vorliegenden Aufgabe modifizierter Strom. Zweck einer technischen Steuerung ist jedoch üblicherweise die Wirkung dieses Stromes, d.h. die Steuerung eines wirtschaftlich verwertbaren Zustandes wie oben erwähnt, einer Drehzahl, einer Temperatur, einer Beleuchtung o.ä..

5.1 Grundsätzlicher Aufbau einer Steuervorrichtung

Wir sagten soeben, jeder Steuervorgang muß durch einen Steuerbefehl ausgelöst werden. Hierauf müssen wir zunächst noch etwas näher eingehen. Bei unseren früheren Schaltungen und Versuchen haben wir nicht weiter erörtert, wie es jeweils zu dem Steuerbefehl kam, sondern meist stillschweigend vorausgesetzt, daß ein Steuerbefehl von Hand gegeben wurde, meist durch Verstellen eines Widerstandes. In der modernen Technik strebt man jedoch mehr und mehr eine Automation an und somit auch die zwangsläufige, dabei zweckmäßige Abgabe eines Steuerbefehles auf Grund irgendwelcher Vorgänge oder Zustandsänderungen. So kann z.b. eine Straßenbeleuchtungsanlage automatisch eingeschaltet werden, sobald das Tageslicht einen bestimmten Helligkeitswert unterschreitet. Durch die fortschreitende Dunkelheit muß dann ein Steuerbefehl zur Steuerung der Beleuchtungsanlage vom Zustand "Aus" in den Zustand "Ein" ausgelöst werden. Wir haben hier eine einfache Zweipunktsteuerung vor uns.

Im vorigen Abschnitt haben wir gesehen, mit welchen Meßwertumformern man verschiedene nichtelektrische Größen elektrisch abbilden kann, um aus ihnen einen Steuerbefehl auch zur kontinuierlichen Steuerung einer Größe zu erhalten.

Ein Steuervorgang kann jedoch auch auf andere Weise durch einen Steuerbefehl ausgelöst werden. Die auslösende Größe kann z.B. in einzelne, fest abgegrenzte Einheiten zerlegt und die Steuerung durch eine bestimmte Zahl dieser Einheiten ausgelöst werden. Man spricht dann von einer digitalen oder numerischen Steuerung. So können beispielsweise die Umläufe eines Rades irgendwie gezählt werden und durch ihre Zahl kann ein Steuervorgang – z.B. das Abschalten eines Antriebsmotors – ausgelöst werden.

Als weitere Möglichkeit kann ein Steuervorgang auch vom Eintreten eines bestimmten Zustandes, z.B. vom gleichzeitigen Vorliegen mehrerer bestimmter Voraussetzungen, abhängig ausgelöst werden, etwa wenn in einer industriellen Fertigungsstraße bestimmte Arbeitsabläufe vollendet sind. In diesem Fall spricht man von einer logischen Steuerung. Die Mittel, mit denen sich eine solche Logik verwirklichen läßt, haben wir in Kapitel 2.6 kennengelernt.

Die Forderungen an eine Steuerung können aber noch weiter gehen. So muß sehr oft verlangt werden, daß ein bestimmter, frei wählbarer und eingestellter Betriebszustand, z.B. die Höhe einer Spannung oder einer Drehzahl, unabhängig von allen bestehenden äußeren oder inneren Einflüssen genau eingehalten wird. In diesem Fall muß die betreffende Größe – ihr Istwert – laufend analog oder digital gemessen und mit einer als Sollwert vorgegebenen Größe verglichen werden. Die Differenz zwischen Istwert und Sollwert schließlich muß in einen Steuerbefehl in dem Sinne umgesetzt werden, daß durch die Steuerung ein abweichender Istwert dem Sollwert wieder angepaßt wird. Einen solchen Vorgang nennt man einen Regelvorgang, die Vorrichtung, durch die er verwirklicht wird, ist der Regler. Hier gibt also der Regler den Steuerbefehl. Er kann dabei analog oder digital arbeiten.

Gerade automatische Regelungen sind ein bevorzugtes Anwendungsgebiet der Elektronik. Es läge daher nahe, an dieser Stelle Ausführliches über das Zustandekommen und den Ablauf von Regelvorgängen zu sagen. Diese ganzen technischen Aufgaben haben jedoch heute einen Umfang und einen Schwierigkeitsgrad angenommen, der zur Entwicklung eines eigenen Spezialgebietes unter der Bezeichnung "Regelungstechnik" geführt hat. Die Regelungstechnik bezieht sich andererseits nicht nur auf elektronische oder elektrische Mittel, sondern umfaßt in gleicher Weise auch z.B. hydraulisch oder mechanisch arbeitende Regelvorrichtungen. Sie fußt dabei im übrigen vielfach weit mehr auf mathematischen als auf technischen Begriffen und Voraussetzungen. Wir müssen uns daher hier leider damit begnügen, den Regler als ein in sich gegebenes und geschlossenes Bauelement und als solches als einen Geber für Steuerbefehle aufzufassen, ohne im einzelnen näher darauf einzugehen, wie die Steuerbefehle im Regler zustande kommen. Im allgemeinen wird uns im folgenden nur die Verarbeitung der vom Regler gegebenen Steuerbefehle beschäftigen. In einigen weniger anspruchsvollen Fällen lassen sich allerdings einfache Regelaufgaben durch eine Zweipunktregelung in zwar nicht gerade vollkommener Weise, aber doch für manche Fälle befriedigend lösen. Darüber hinaus werden wir, soweit möglich, da und dort wenigstens andeutend einiges über weitere, für einen Regler maßgebende Nebeneinflüsse sagen. Grundsätzlich muß es jedoch dem mehr speziell interessierten Leser und seinem Fortbildungsbedürfnis überlassen bleiben, sich über das Gebiet der Regelungstechnik anhand einschlägiger Spezialliteratur weitere Aufklärung und eine tiefergehende Kenntnis zu verschaffen.

Nicht immer kann ein Steuerbefehl in seiner ursprünglich gegebenen Form unmittelbar einen Steuervorgang bewirken. Er muß vielmehr oft erst verstärkt und evtl. noch weiter aufbereitet und in eine Form gebracht werden, in der er durch einen Steller – hier in der Regel bestehend aus Thyristoren oder Triacs, nur für sehr kleine Leistungen aus einem Transistor – die eigent-

5.1 Grundsätzlicher Aufbau einer Steuervorrichtung 143

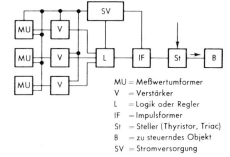

Bild 5.1.2 Schema einer Steuerung durch mehrere Meßfühler

MU = Meßwertumformer
V = Verstärker
L = Logik oder Regler
IF = Impulsformer
St = Steller (Thyristor, Triac)
B = zu steuerndes Objekt
SV = Stromversorgung

liche Steuerung bewirken kann. Schematisch ist dieser Ablauf als Beispiel in Bild 5.1.2 dargestellt.

Wir haben hier mehrere Meßwertumformer angenommen, deren Ausgangsgröße jeweils erst durch einen Verstärker, etwa wie in Kapitel 2.2 näher besprochen, auf einen für die Weiterverarbeitung geeigneten Wert verstärkt werden muß. Sind, wie in Bild 5.1.2 angenommen, mehrere Meßwerte für die Steuerung entscheidend, so wird diese Entscheidung durch eine Logik, wie in Kapitel 2.6 besprochen, getroffen oder nach Verarbeitung durch einen Regler in eine entsprechende Spannung umgesetzt. Für einen Thyristor, der meist in Anschnittsteuerung arbeitet, muß die Steuerspannung aber, wie wir wissen, in Form von Impulsen bestimmter Phasenlage gegeben werden. In jedem Fall muß daher der zunächst in Form einer irgendwie gearteten Spannung anstehende Steuerbefehl durch einen Impulsformer so aufbereitet werden, wie es für die Steuerung des jeweiligen Stellers – bestehe er aus Thyristoren oder Triacs – erforderlich ist. Auch solche Impulsformer verschiedenster Art haben wir in Abschnitt 3 kennengelernt. Der Impulsformer steuert also über den Steller den Energiefluß für die zu steuernde Betriebsgröße B, einen Motor, einen Heizkörper, eine Beleuchtungsanlage o.ä.

Für den ganzen Steuerteil ist, wie wir wissen, immer eine besondere Stromversorgung teils mit Gleichstrom, teils mit Wechselstrom von geeigneter Spannung erforderlich. Ist ein Regler vorhanden, so benötigt dieser für die Darstellung des jeweiligen Sollwertes eine besonders konstante Spannung. Für die Stromversorgung muß daher in der Regel eine besondere Baugruppe mit Gleichrichtern und Siebgliedern nach Kapitel 1.2 vorgesehen werden, gegebenenfalls mit stabilisierter Ausgangsspannung, um insbesondere den Regler, u.U. aber auch die sonstigen einzelnen Baugruppen von Spannungsschwankungen unabhängig zu machen. Stabilisierungsschaltungen haben wir in Kapitel 2.3 kennengelernt.

Selbstverständlich aber sind nicht in jedem Fall alle in Bild 5.1.2 dargestellten Elemente und Baugruppen erforderlich. Andererseits können gelegentlich jedoch auch noch weitere zusätzliche Elemente hinzutreten, wie etwa verzögernde Bauelemente oder auch sogenannte Speicher, die einen Steuerbefehl aufnehmen, aber nicht sofort weitergeben, sondern erst dann, wenn von einer anderen Stelle der Gesamtschaltung her ein Befehl zur Weitergabe eintrifft. Solche Speicher haben wir in diesem Buch zwar nicht direkt besprochen. Sie kommen aber vor allem für logische Steuerungen in Frage und haben gewöhnlich die Form eines bistabilen Multivibrators (Flipflops) wie in Kapitel 2.4 besprochen.

Die Arbeitsweise kann im Einzelfall auch ganz anders sein als in Bild 5.1.2 dargestellt, wenn z.B. ein Meßwertumformer nicht eine Ausgangsspannung liefert, sondern seinen Widerstand entsprechend der für die Steuerung maßgebenden Größe ändert, wie wir das oben zum Beispiel einer automatisch geschalteten Straßenbeleuchtung bereits sagten. Die Eingangsschaltung, u.U. bis hin zur Steuerstrecke des Thyristors, muß daher der jeweiligen besonderen Art der Aufgabe angepaßt werden.

So kann man z.B. in manchen Fällen direkt den Widerstand des Meßwertumformers als veränderlichen Widerstand benutzen, wenn man mit einer genügend großen Änderung dieses Widerstandes rechnen kann und eine geeignete Bemessung der Schaltung möglich ist. Ein sehr einfaches Beispiel zeigt Bild 5.1.3. Es entspricht weitgehend der Schaltung nach Bild 3.5.3, mit der sich die Helligkeit einer Beleuchtung steuern läßt. In Bild 5.1.3 ist parallel zum Kondensator ein Fotowiderstand geschaltet, den man zweckmäßig so anordnen muß, daß er vom Licht der Lampe nicht getroffen wird. Im dunklen Zustand ist sein Widerstandswert sehr groß, so daß er gegenüber dem Wechselstromwiderstand des Kondensators nicht ins Gewicht fällt. Man kann daher R_1 so weit verkleinern, daß die Beleuchtung durch den Triac gerade voll aufgesteuert wird. Wird der Fotowiderstand R_p jedoch beleuchtet, z.B. durch Tageslicht, so wird sein Widerstand kleiner. Er wirkt nun als Ableitwiderstand für den Kondensator, so daß es längere Zeit dauert, bis dieser während jeder Halbwelle aufgeladen wird. Je heller der Fotowiderstand beleuchtet wird, um so dunkler wird daher die Lampe. Für viele Fälle genügt das. In anderen Fällen allerdings – z.B. zum automatischen Schalter einer Straßenbeleuchtung – wird man jedoch sprunghaftes Schalten Ein-Aus verlangen müssen. Dann müßte man also durch die schleichende Widerstandsänderung des Fotowiderstandes einen Schmitt-Trigger steuern lassen, der

5.1 Grundsätzlicher Aufbau einer Steuervorrichtung 145

irgendwie — Verfahren dazu werden wir sogleich noch sehen — über einen Triac das Schalten bewirkt.

Beim Schmitt-Trigger (Bild 2.4.9) wird der Transistor T_2 entweder voll auf- oder voll zugesteuert. Er bildet also entweder einen sehr kleinen oder einen sehr großen Widerstand. Ein Verstärker besitzt ebenfalls am Ausgang einen Transistor, dessen Widerstand sich mit der veränderbaren Aussteuerung des Eingangs ändert. Man müßte daher den Ausgangstransistor eines Verstärkers oder eines Schmitt-Triggers oder auch nur eines einzigen irgendwie gesteuerten Transistors einfach als veränderlichen Widerstand im obigen Sinne in einer Phasenbrücke oder als Ladewiderstand (oder Parallelwiderstand) für einen Kondensator benutzen können.

Das ist im Prinzip auch tatsächlich möglich und wird sehr häufig ausgeführt. Nur muß man dabei u.U. einiges beachten.

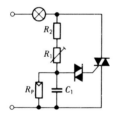

Bild 5.1.3 Steuerung einer Glühlampe abhängig von der allgemeinen Helligkeit

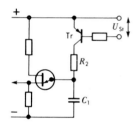

Bild 5.1.4 Prinzip der Steuerung durch veränderliche Spannung über einen Unjunktion-Transistor

Eine sehr einfache Schaltung zeigt Bild 5.1.4, das den Steuerteil für den Thyristor in Bild 3.3.4 darstellt. Hier ist in der Tat der Widerstand R_1 aus Bild 3.3.4 durch einen pnp-Transistor ersetzt, dessen wirksamer Widerstand in einfachster Weise über seine Basis gesteuert werden kann. In vielen Fällen wird diese einfache Schaltung jedoch nicht ausreichend sein, weil der Transistor bei kleiner Spannung zwischen Basis und Emitter u.U. einen gewissen gegenüber dem Sperrzustand verminderten Widerstand haben muß, damit überhaupt noch ein kleiner Anschnittwinkel, also ein sehr kleiner Stromdurchlaß des Thyristors, erreicht wird. Der Transistor muß daher eine gewisse Vorspannung an der Basis erhalten, von der beginnend überhaupt erst Steuerimpulse an den Thyristor gegeben werden.

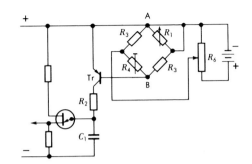

Bild 5.1.5 Erweiterung der Schaltung nach Bild 5.1.4

In solchen Fällen bildet die Brückenschaltung nahezu ideale Möglichkeiten. In Bild 5.1.5 ist wieder der Steuerteil nach Bild 3.3.4 dargestellt, wobei jedoch der Transistor seine Basisspannung über eine Brückenschaltung erhält. Ist die Brücke abgeglichen, so liegt zwischen den Punkten A und B keine Spannung, d.h. die Basis des Transistors erhält keine Spannung. R_1 ist der veränderliche Ausgangswiderstand des Meßwertumformers. Es kann ein Fotowiderstand oder ein NTC-Widerstand (temperaturabhängig) oder irgend ein anderer Widerstand sein, Sobald sich der Wert von R_1 ändert, in diesem Fall größer wird, wird Punkt B der Brücke negativ gegen A, und diese negative Spannung wirkt an der Basis des Transistors und steuert ihn entsprechend auf. Damit wird, wie wir wissen, der Thyristor früher während jeder Halbwelle durchlässig. Ist R_1 z.B. ein NTC-Widerstand, dessen Widerstandswert bei Abkühlung zunimmt, so kann durch diese Anordnung der Thyristor einen elektrischen Heizkörper aufsteuern. Sobald dadurch die frühere Temperatur wieder erreicht ist, wird der Widerstandswert von R_1 wieder kleiner, so daß der Transistor und mit ihm der Thyristor wieder mehr zugesteuert wird. Wir erhalten so also eine temperaturabhängige Steuerung der elektrischen Beheizung, einen Thermostaten. Die gewünschte Temperatur läßt sich mit Hilfe des Widerstandes R_4 einstellen, mit dem die Brücke auf einen bestimmten Widerstand von R_1 abgeglichen wird, am Potentiometer R_6 läßt sich die an der Brücke wirksame Spannung und mit ihr die Empfindlichkeit der ganzen Anordnung einstellen.

In den Schaltungen nach Bild 5.1.3 bis 5.1.5 läßt sich ein Transistor ohne weiteres statt des Widerstandes R_1 in den entsprechenden früheren Schaltungen einsetzen, so daß ein Thyristor größerer Leistung durch eine sehr kleine Spannungsänderung am Ausgang des Meßwertumformers bzw. durch eine sehr kleine Steuerleistung gesteuert werden kann. Die Steuerleistung kann man sogar noch viel weiter vermindern, wenn man etwa vor den Eingang des Transistors noch einen Verstärker schaltet.

Wie aber läßt sich ein Transistor nun als veränderbarer Widerstand in einer Phasenbrücke einsetzen? In der Phasenbrücke fließt ja ein Wechselstrom. Der Transistor jedoch sperrt davon immer die eine Halbwelle. Man könnte zwar auch ihm eine Vorspannung an der Basis geben. Diese aber würde in einer Schaltung wie beispielsweise nach Bild 3.3.2 auch für den Transistor Tr wirksam werden und somit ein richtiges Arbeiten der Schaltung verhindern.

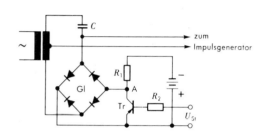

Bild 5.1.6 Phasenbrücke mit einem Transistor als steuerbarer Widerstand (Prinzip)

Hier bietet sich jedoch ein Ausweg an. In Bild 5.1.6 ist der Widerstand in der Phasenbrücke durch einen Transistor Tr ersetzt, der über einen Gleichrichter in Brückenschaltung angeschlossen ist. Der Wechselstrom der Phasenbrücke wird also in pulsierenden Gleichstrom umgeformt, und dieser wird durch den Transistor mehr oder weniger gesperrt. Je nach der Höhe der Basisspannung liegt am Punkt A eine Gleichspannung, die durch die Spannung der Gleichstromquelle und den Spannungsabfall am Widerstand R_1 gegeben ist. Die Phasenbrücke erhält damit eine konstante Gleichspannung als Vorspannung, durch die, wenn sie hoch genug ist, die Brücke für Wechselstrom gesperrt ist. Nur wenn die Halbwelle der Wechselspannung höher wird als diese (einstellbare) Gleichspannung, kann Strom in der Phasenbrücke fließen. Der Wechselstrom in der Phasenbrücke wird also um so schwächer, je höher die Gleichspannung am Kollektor des Transistors eingestellt wird, und das bedeutet — da die Wechselspannung vom Trafo her ja gleich bleibt — einen mit zunehmender Kollektorspannung zunehmenden wirksamen Widerstand im Stromkreis der Phasenbrücke. Der durchgelassene Strom sieht also so etwa aus, wie in Bild 5.1.7 gezeichnet. Er besteht aus einzelnen Impulsen als Ausschnitten aus einer Sinuskurve.

Bild 5.1.7 Nach der vorigen Schaltung gewonnene, ungünstige Ausgangsspannung

Eine solche Spannungskurve, weit von einer Sinusform entfernt, ergibt aber für die Steuerung der Phasenlage der Impulse bei Anschnittsteuerung eines Thyristors keine sehr günstigen Verhältnisse. Eine weitgehende Annäherung an die Sinusform liefert jedoch z.B. eine Erweiterung der Schaltung von Bild 5.1.6 nach Bild 5.1.8, die eine starke Gegenkopplung bewirkt. Kommt von der Steuerspannung U_{st} eine negative Spannung an die Basis des Transistors Tr_2, so sinkt in bekannter Weise die Kollektorspannung infolge des Spannungsabfalls an R_1. Damit aber erhält der aus R_2 und R_3 bestehende, parallel zu Tr_2 liegende Spannungsteiler und somit die Basis eine mehr zum positiven hin verschobene Spannung, die der negativen Steuerspannung entgegenwirkt. Außerdem wirkt, wie wir von Kapitel 2.2 her wissen, auch der Widerstand R_4 vor dem Emitter als Gegenkopplung. Durch diese Gegenkopplungen sowie zusätzlich durch den über R_1 fließenden Basisstrom des Transistors Tr_1 wird außer einer Verbesserung der Spannungskurve zugleich eine geringere Temperaturabhängigkeit der Anordnung erreicht, was besonders wichtig ist, wenn die Steuerspannung U_{st} von einem Regler geliefert wird. Andernfalls würde die Güte, d.h. die Genauigkeit der Regelung durch die nicht immer gleiche Temperatur der Transistoren beeinflußt.

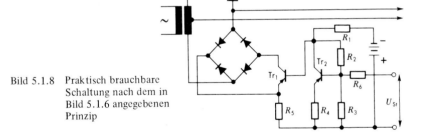

Bild 5.1.8 Praktisch brauchbare Schaltung nach dem in Bild 5.1.6 angegebenen Prinzip

Die Steuerspannung U_{st} selbst kann natürlich auch hier, wie in Bild 5.1.5, über eine Brückenschaltung gewonnen werden. Eine weitere Möglichkeit bestände darin, für R_2 oder R_3 direkt den Ausgangswiderstand eines Meßfühlers einzusetzen, wenn mit ihm eine geeignete Bemessung der Schaltung als ganzes möglich ist. Ob dabei R_2 oder R_3 durch den veränderlichen Widerstand zu ersetzen ist, hängt davon ab, ob eine Verkleinerung des letzteren eine Verschiebung der Phase der Steuerimpulse im Sinne einer Vor- oder Nacheilung bewirken muß.

5.2 Kontaktloses Schalten

In der Praxis kommt es ziemlich oft vor, daß man einen Schalter braucht, der ohne jeden Schaltfunken arbeitet, Sei es, daß der Schalter in einem explosionsgefährdeten Raum montiert werden muß, sei es, daß die Betriebssicherheit des Schalters nicht durch Abbrand von Kontakten beeinträchtigt werden darf, sei es, daß, besonders in rauhen Betrieben, eine mechanische Überbeanspruchung des Schalters vermieden werden soll. In all diesen und in zahlreichen anderen Fällen ist mindestens kontaktloses Schalten, u.U. sogar berührungsloses Schalten notwendig oder doch günstig. Die Elektronik bietet derartige Möglichkeiten ohne besonders großen Aufwand.

In gewissen Sinne sahen wir einen solchen kontakt- und berührungslos arbeitenden Schalter schon in Bild 5.1.3. In dieser einfachen Form wird der Schalter allerdings nicht immer brauchbar sein. Die Lampe leuchtet hier voll auf, solange die Fotodiode von keinem Licht getroffen wird. Fällt plötzlich ein Lichtstrahl auf die Fotodiode, so wird die Lampe automatisch ausgeschaltet. Wird der Lichtstrahl plötzlich unterbrochen, so leuchtet die Lampe ebenso plötzlich wieder auf. Wird der Lichtstrahl jedoch langsam heller oder dunkler, so folgt die Helligkeit der Lampe im selben Tempo dem Lichtstrahl im umgekehrten Sinne. Das kann für manche Zwecke günstig sein. Oft aber wird unabhängig vom Helligkeitsgrad des auffallenden Lichtstrahles plötzliches Ein- und Ausschalten über den Triac verlangt werden müssen, also ohne Zwischenzustände und möglichst schnell.

Man kann das auf verschiedene Weise erreichen. Handelt es sich beispielsweise nur um kurze Lichtimpulse, so kann man die in elektrische Form umgesetzten Impulse einem bistabilen Multivibrator zuführen. Meist wird es sich jedoch nicht nur um Lichtimpulse, sondern um einen Lichtstrahl von längerer Dauer handeln. Hier ist der Schmitt-Trigger (s. Kapitel 2.4) am Platze, der, wie wir wissen, auch bei schleichend ansteigender oder abnehmender Spannung schnell, d.h. plötzlich schaltet. Der Schmitt-Trigger kann sodann einen Thyristor steuern. Ein Schaltungsbeispiel zeigt Bild 5.2.1. Die beiden Transistoren bilden einen Schmitt-Trigger. Wird die Fotodiode beleuchtet, so nimmt ihr Widerstand ab, so daß die Spannung an der Basis des ersten Transistors stärker positiv gegen die untere Bezugsleitung wird. Der Schmitt-Trigger springt dann mit seiner Ausgangsspannung von 0 auf einen positiven Wert, so daß der Thyristor zündet. Wird die Fotodiode — wenn auch langsam — verdunkelt, so springt der Schmitt-Trigger zurück, und der Thyristor wird beim

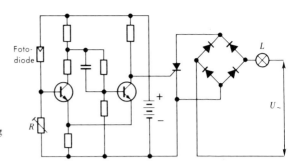

Bild 5.2.1 Kontaktlos geschaltete Beleuchtung

nächsten Null-Wert der Spannung gelöscht. Soll umgekehrt der Thyristor zünden, wenn die Fotodiode verdunkelt wird, und gelöscht werden, wenn die Fotodiode beleuchtet wird, so braucht man nur die Fotodiode und den Widerstand R in der Schaltung zu vertauschen. Durch Verstellen von R kann man in beiden Fällen den Punkt einstellen, bei dem das Schalten erfolgen soll.

Lichtschranken dieser Art werden für die verschiedensten Zwecke verwendet. Bekannt sind Türen, die sich automatisch öffnen, wenn sich eine Person nähert. Bekannt ist auch die Sicherung von Räumen mit Hilfe eines evtl. über Spiegel mehrfach durch den Raum geführten Lichtstrahles. Damit der Lichtstrahl unbemerkt bleibt, schaltet man oft ein Infrarotfilter vor die Lichtquelle, das nur für das menschliche Auge nahezu unsichtbares Licht durchläßt. Das ist möglich, weil die Germanium-Fotodiode sowieso ihre größte Empfindlichkeit im Infrarotbereich besitzt. Als Sicherheitseinrichtung z.B. an Stanzmaschinen haben sich Lichtschranken bewährt, durch die die Stanze sofort stillgesetzt wird, wenn eine vorwitzige menschliche Hand sich der Gefahrenzone nähert. Aber auch sonstige Möglichkeiten bietet die Lichtschranke überall dort, wo ein beweglicher Gegenstand, z.B. ein Kranfahrwerk, sich seiner zulässigen Endlage nähert und automatisch stillgesetzt werden muß. In der chemischen Industrie schließlich wird die Lichtschranke oft in noch etwas anderem Sinne eingesetzt, z.B. um geeignete Maßnahmen einzuleiten, wenn die Trübung einer Flüssigkeit den für sie zulässigen Grad über- oder unterschreitet. So gibt es in der Praxis zahlreiche Steueraufgaben, die sich mittels der Lichtschranke leicht lösen lassen.

Berührungsloses und kontaktloses Schalten kann auch durch eine magnetische Wirkung herbeigeführt werden. Aus Kapitel 5.1 kennen wir die Meßwertumformer, die auf ein magnetisches Feld ansprechen. So kann z.B. ein Endlagenabschalter sehr leicht aufgebaut werden, indem man kurz vor der zulässigen Endlage etwa eines Kranes oder eines Aufzuges einen Hallgenerator oder eine Feldplatte anbringt, auf die ein permanenter Magnet an dem beweglichen Teil einwirkt. Für den elektronischen Teil kann sinngemäß eine ganz ähnliche Schaltung verwendet werden, wie wir sie soeben für die Lichtschranke sahen. Eine Feldplatte kann in der Schaltung nach Bild 5.2.1 ohne weiteres an die Stelle der Fotodiode treten. Für einen Hall-Generator wird man in der Regel einen Vorverstärker einsetzen müssen.

Vollkommen anders arbeitet ein anderes Verfahren zum kontakt- und berührungslosen Schalten, bei dem der Schaltvorgang durch ein an sich normales Meßinstrument bewirkt wird. Das Prinzip hierfür ist in Bild 5.2.2 dargestellt.

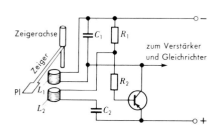

Bild 5.2.2 Kontaktlose Steuerung durch ein Zeigerinstrument

Der Transistor arbeitet als Schwingungserzeuger in einer normalen Rückkopplungsschaltung. Die Spule L_1 mit dem Parallelkondensator C_1 wird über die Rückkopplungsspule L_2 zu hochfrequenten elektrischen Schwingungen angeregt. Der Zeiger des Meßinstrumentes trägt an seinem Ende ein dünnes Metallplättchen Pl. Tritt dieses Metallplättchen bei einem bestimmten Zeigerausschlag in den Raum zwischen die Spulen L_1 und L_2, so werden in ihm hochfrequente Wirbelströme induziert. Die dadurch in den Metallplättchen auftretenden Verluste entziehen dem Schwingkreis Energie, so daß die Schwingungen abreißen, was sich in einer sprunghaften Zunahme des Stromes im Kollektorkreis des Transistors äußert. Der zunehmende Spannungsabfall am Widerstand R_2 kann dann für die Abgabe des Steuerbefehls benutzt werden.

Dieses Verfahren wird mit Vorteil benutzt, wo nur eine sehr kleine elektrische Energie für das Auslösen eines Steuerbefehles zur Verfügung steht, vor allem aber dann, wenn ein Meßinstrument zur Kontrolle sowieso erforderlich ist. Das ist sehr oft der Fall bei Temperatursteuerungen. Die Temperatur kann z.B. durch ein Thermoelement gemessen und von einem Drehspulinstrument angezeigt werden. Das Instrument erhält dann zusätzlich an seinem Zeiger ein Metallplättchen, wie oben beschrieben. Durch Verschieben der Spulen über der Instrumentenskale läßt sich dann leicht jede gewünschte Auslösetemperatur einstellen. Soll eine Temperatur zwischen zwei vorgegebenen Grenzen gehalten werden, so kann eine zweite derartige Einrichtung evtl. die Anordnung zu einem Zweipunktregler ergänzen.

Schon aus den wenigen hier angeführten Beispielen wird der Leser erkennen, daß es sehr viele Möglichkeiten gibt, einen Steuerbefehl durch nichtelektrische Größen oder Vorgänge auslösen zu lassen. Es kommt nur darauf an, im gegebenen Fall je nach den Umständen einen geeigneten Weg zu finden. Als vielleicht etwas ausgefallenes Beispiel sei folgende Aufgabe aus der Praxis beschrieben.

Es handelte sich darum, eiserne Rohre in verhältnismäßig weiten Grenzen des Durchmessers, die in glühendem Zustand durch eine Vorrichtung in Längsrichtung verschoben wurden, in einer bestimmten Stellung des Vorschubes anzuhalten. Dafür hätte es natürlich nahegelegen, eine Lichtschranke zu verwenden, bei der das vorlaufende Rohr in der verlangten Stellung einen Lichtstrahl unterbricht. Man hatte das auch versucht. Das Verfahren scheiterte jedoch daran, daß das glühende Rohr genügend Licht abstrahlte, so daß die Fotodiode hiervon soviel Licht erhielt, daß sie trotz der unterbrochenen Lichtschranke leitend blieb. Auch die Verwendung anderer fotooptischer Bauelemente als lichtempfindliches Organ mit optischen Filtern, die das rote Licht der glühenden Rohre aussiebten, scheiterte wegen der herumfliegenden Funken, durch die die Teile der Lichtschranke rasch verschmutzt und dadurch funktionsunfähig wurden.

Man fand schließlich eine sehr einfache Lösung. Dort, wo der Anfang des Rohres stillgesetzt werden sollte, ordnete man eine Spule mit großem Innendurchmesser an, die mit Wechselstrom gespeist wurde. Sobald das Rohr in die Spule bis zu einer gewissen Weite eintauchte, wurden in ihm durch den Wechselstrom der Spule Wirbelströme induziert. Dadurch stieg der Strom in der Spule an, und die Stromzunahme konnte als Steuerbefehl für das Ausschalten des Vorschubmechanismus ausgenutzt werden. Wegen der verschiedenen Rohrdurchmesser mußte nur der Spulenstrom entsprechend eingestellt werden. An der fertig ausgeführten Anlage zeigten Versuche das überraschende Ergebnis, daß die Rohre bis auf 0,1 mm genau immer an der gleichen Stelle festgehalten wurden.

5.3 Steuern der Spannung bei Generatoren

Die Spannung von Generatoren wird heute gewöhnlich geregelt, d.h. auf Grund der Abweichung ihres tatsächlichen Wertes (Istwert) vom Sollwert ständig auf einen konstanten Wert nachgesteuert. Die Behandlung der Wirkungsweise solcher Regler gehört nicht mehr zur Aufgabe dieses Buches. Der Leser kann sie in einem Buch über Regelungstechnik studieren. Hier werden wir uns nur mit der Steuerung selbst beschäftigen, die vom Regler betätigt wird und auf den Generator als "Stellglied" im Sinne einer Spannungsänderung einwirkt.

Als es noch keine elektronische Steuerung gab, hatte der Drehstromgenerator bekanntlich miest unmittelbar angebaut eine Erregermaschine, d.h. einen kleinen Gleichstromgenerator, der den Gleichstrom für die Erzeugung des Magnetfeldes im Generator lieferte. Die Spannung des Generators wurde dann entweder durch Widerstände im Ausgang der Erregermaschine oder durch Widerstände im Erregerkreis der Erregermaschine gesteuert. Im letzteren Fall war oft noch eine zweite Erregermaschine als Hilfserregermaschine erforderlich, da ein selbsterregter Gleichstromgenerator eine Steuerung nur in gewissen Grenzen erlaubt.

Im Prinzip arbeiten auch die meisten elektronisch gesteuerten Generatoren in dieser Weise, nur daß man als Erregermaschine nicht einen Gleichstromgenerator mit seiner anspruchsvollen Wartung für den Kommutator einsetzt, sondern ebenfalls einen kleinen Drehstrom-Generator mit nachgeschaltetem Gleichrichter. Die Steuerung erfolgt dann an geeigneter Stelle durch Thyristoren.

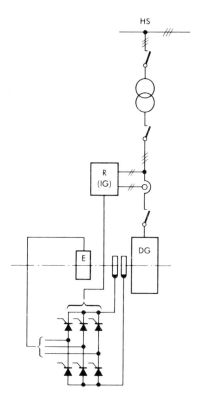

Bild 5.3.1 Thyristorgesteuerter Drehstromgenerator mit Spannungsregelung

Bild 5.3.1 zeigt ein einfaches Beispiel dieser Art schematisch, Der Drehstromgernator DG arbeitet — wenn nötig über einen Trafo — auf die Hauptsammelschienen HS des Netzes. Die Drehstrom-Erregermaschine, hier als permanent erregter Generator angenommen, arbeitet auf das Polrad des Generators über einen doppeltgesteuerten dreiphasigen Gleichrichter. Die Steuerung des Gleichrichters erfolgt durch den Regler R, der gleichzeitig den Impulsgenerator IG enthält, abhängig von der vom Generator abgegebenen Spannung und dem Laststrom des Generators. Dadurch wird der Regelvorgang beschleunigt.

Bei großen Leistungen verwendet man auch hier eine Hilfserregermaschine, um die erforderliche Leistung der steuernden Thyristoren kleiner halten zu können. Eine derartige Schaltung zeigt Bild 5.3.2 als Beispiel. Hier liefert die Erregermaschine E den Erregerstrom für den Drehstromgenerator DG über einen ungesteuerten Gleichrichter entsprechend großer Leistung. Sie selbst erhält ihren Erregerstrom über einen doppeltgesteuerten Gleichrichter von den Erregersammelschienen ES, die entweder durch eine kleine permanent erregte Hilfserregermaschine HE oder über einen Trafo direkt vom Generator bzw. vom Netz her gespeist werden können.

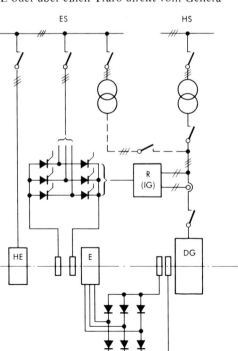

Bild 5.3.2 Drehstromgenerator mit Thyristorsteuerung vor der Erregermaschine

5.3 Steuern der Spannung bei Generatoren   155

Obgleich die für einen großen Drehstromgenerator benötigte Erregerleistung bereits recht groß ist – sie kann bei Großgeneratoren schon einige Hundert kW betragen – kommt man bei dieser Schaltung mit verhältnismäßig kleinen Thyristoren für die Steuerung aus, so daß auch die vom Regler R zu liefernde Steuerleistung für die Thyristoren nicht zu groß wird. Lediglich der Gleichrichter im Erregerkreis des Drehstromgenerators muß die volle Erregerleistung desselben verarbeiten, was hier aber einfacher wird, da dieser Gleichrichter nicht wie in Bild 5.3.1 steuerbar sein muß.

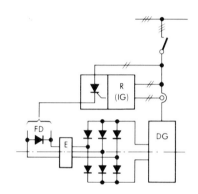

Bild 5.3.3   Schleifringloser geregelter Drehstromgenerator

Bei Generatoren kleiner Leistung läßt sich die ganze Anordnung oft noch weiter vereinfachen, wie Bild 5.3.3 zeigt. Hier ist der Gleichrichter für die Erregung des Drehstromgenerators DG mit in die Maschine eingebaut und läuft mit der Welle um. Für die Erregermaschine E genügt oft einphasige Speisung aus dem Drehstromabgang des Generators selbst, also ein einfacher einphasiger steuerbarer Gleichrichter in Brückenschaltung (im Bild durch einen einfachen Thyristor angedeutet). Die Induktivität der Erregerwicklung der Erregermaschine E sorgt für ausreichende Glättung, zumal die Freilaufdiode FD die Glättung unterstützt. Die Erregermaschine muß hier natürlich ein Außenpoltyp sein, weil ihre Drehstromwicklung ja mit dem Gleichrichter umlaufen muß. Der Drehstromgenerator erregt sich hier selbst, ähnlich wie ein selbsterregter Gleichstromgenerator infolge der Remanenz seines Polrades, wobei die Wirkung jedoch durch die zwischengeschaltete Erregermaschine, die gleichsam als Verstärker wirkt, erhöht wird.

Bei ganz kleinen Leistungen schließlich kommt man mit einer einzigen Maschine aus. Was in Bild 5.3.3 als Erregermaschine gezeichnet ist, stellt dann bereits den eigentlichen Generator dar, der sich über einen steuerbaren Gleichrichter unmittelbar selbst erregt. Die Voraussetzungen für eine Selbsterregung, geringer Widerstand im Erregerkreis, liegen hier nicht ungünstiger als beim selbsterregten Gleichstromgenerator, weil der Spannungsabfall am Thyristorgleichrichter kaum größer ist als der Spannungsabfall zwischen Bürsten und Kommutator bei der Gleichstrommaschine.

5.4 Steuern von Gleichstromantrieben

Die Gleichstrommaschine ist von jeher für steuerbare Antriebe die bevorzugte Maschine gewesen, weil sie für eine Steuerung beinahe ideale Voraussetzungen bietet. Besondere Bedeutung erlangte sie daher aufs neue mit der Entwicklung elektronischer Steuerverfahren. Inzwischen wurden zwar auch Verfahren zur Steuerung des Drehstrommotors mittels elektronischer Schalter entwickelt. Solche Verfahren werden wir im nächsten Kapitel dieses Buches näher kennenlernen. Aus Preisgründen kommt jedoch für Leistungen bis (z.Zt.) etwa 100 kW noch vorwiegend der Gleichstromantrieb in Betracht. Diese Grenze wandert jedoch mit der technischen Entwicklung zu kleiner werdenden Leistungen hin.

Bei modernen Antrieben spielt vielfach sowohl das treibende wie das bremsende Drehmoment eine Rolle, also ein Betrieb der elektrischen Maschine als Motor wie als Generator. Außerdem kommen für beide Betriebsarten oft noch beide Drehrichtungen in Frage. Alle diese möglichen Betriebsarten lassen sich in einem rechtwinkligen Koordinatensystem nach Bild 5.4.1 darstellen, dessen Flächenbereiche zwischen den einzelnen Koordinatenachsen man als "Quadranten" bezeichnet und mit den römischen Ziffern I – IV beziffert. Welche Drehrichtung man als positiv und welche man als negativ bezeichnet, ist an sich ohne Bedeutung. Gewöhnlich jedoch bezeichnet man diejenige Drehrichtung als positiv, in der die Maschine vorwiegend als Motor läuft. Positiv ist dann immer das Drehmoment, das in dieser Drehrichtung wirkt, negativ entsprechend das Drehmoment, das der Drehrichtung entgegen, also bremsend wirkt. Daraus ergibt sich nach Bild 5.4.1, daß die Quadranten I und III Motorbetrieb, die schraffierten Quadranten II und IV Generatorbetrieb, also Bremsbetrieb darstellen. Betrieb in diesen beiden Quadranten kommt meist nur kurzzeitig in Betracht. Immerhin kann z.B. ein Hubmotor im Kranbetrieb auch verhältnismäßig längere Zeit beim Senken der Last auf Bremsen beansprucht werden.

5.4 Steuern von Gleichstromantrieben

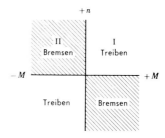

Bild 5.4.1   Betrieb in 4 Quadranten

Je nach Erfordernissen des einzelnen Falles muß die elektronische Steuerung des Gleichstrommotors am Drehstromnetz den Betrieb in allen vier Quadranten ermöglichen. Der einfachste Fall ist natürlich der, daß nur Motorbetrieb in einer Richtung, also im I. Quadranten in Frage kommt. Hierbei kann es sein, daß der Motor in der Drehzahl gesteuert oder auch geregelt werden muß. Seltener kommt es darauf an, daß das abgegebene Drehmoment konstant gehalten werden soll. Bei gesteuerter Drehzahl ergibt sich das vom Motor entwickelte Drehmoment durch das von der angetriebenen Arbeitsmaschine bei der betreffenden Drehzahl benötigte Drehmoment. Der Motor gibt immer das Drehmoment ab, mit dem er durch die Last beansprucht wird. Bei Regelung auf konstantes Drehmoment ergibt sich die Drehzahl durch die Betriebseigenschaften des Motors. Falls eine Regelung erfolgen soll, ist das Sache des Reglers, dessen Einzelheiten wir in diesem Buch nicht behandeln wollen.

Ein Betrieb rein im ersten Quadranten ist durch eine Thyristorsteuerung verhältnismäßig einfach zu bewirken. Meist steuert man dabei die Drehzahl durch Verändern der Ankerspannung, weil nur so die Möglichkeit besteht, die Drehzahl von 0 aus bis auf die Nenndrehzahl zu steuern. Bei größeren Leistungen verwendet man für den steuerbaren Gleichrichter gewöhnlich die Drehstrom-Brückenschaltung (vgl. Kapitel 3.4). Man arbeitet also mit Anschnittsteuerung der Thyristoren. Hierbei bestehen bekanntlich zwei Möglichkeiten der Schaltung, der halbgesteuerte und der vollgesteuerte Gleichrichter.

Die halbgesteuerte Brückenschaltung ist beim Anlauf des Motors höher belastbar. Sie ergibt jedoch eine höhere Oberwelligkeit auf der Gleichstromseite. Deswegen muß eine Freilaufdiode parallel zum Motor geschaltet werden. Bei nur teilweiser Durchsteuerung belastet die halbgesteuerte Schaltung das Netz weniger mit Blindstrom als die vollgesteuerte Schaltung.

Es mag im ersten Augenblick nicht recht verständlich erscheinen, daß ein Gleichrichter, der keine Induktivität enthält, überhaupt eine Blindstrombelastung vom Netz aufnehmen soll. Man muß aber bedenken, daß bei Anschnittsteuerung der Mittelwert des Stromes jeder Halbwelle sich gegen den Mittelwert der vollen Halbwelle mehr und mehr im nacheilenden Sinne verschiebt. Das ist im Prinzip das gleiche wie bei Abnahme eines nacheilenden Blindstromes für eine Induktivität. Dieser nacheilende Blindstrom des Gleichrichters macht sich am stärksten bemerkbar bei mittlerer Durchsteuerung. Eine geringe Durchsteuerung ergibt zwar eine stärkere Verschiebung des Strom-Mittelwertes für jede Halbwelle, doch wird der Strom dann wegen der starken Zusteuerung nur noch klein.

Wegen der starken Oberwelligkeit ist bei halbgesteuerter Schaltung meist eine Glättungsdrossel auf der Gleichstromseite erforderlich, weil sich andernfalls für den Betrieb eines Gleichstrommotors zu ungünstige Verhältnisse, vor allem hinsichtlich der Kommutierung ergeben würden.

Demgegenüber ergibt die vollgesteuerte Brückenschaltung eine geringere Oberwelligkeit, die eine Glättungsdrossel meist überflüssig macht. Auf weitere Vorteile der vollgesteuerten Schaltung beim Betrieb des Motors in mehreren Quadranten werden wir noch zu sprechen kommen.

Bild 5.4.2 zeigt eine einfache Schaltung zur Steuerung eines Gleichstrommotors im ersten Quadranten über einen halbgesteuerten Gleichrichter. Wenn ein Steuerbereich etwa zwischen 30 und 100 % genügt, so läßt sich auch der Aufwand für die Steuerung der Thyristoren wesentlich verringern. Es genügt

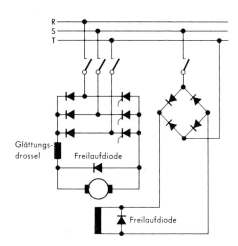

Bild 5.4.2 Thyristorgesteuerter Gleichstromantrieb für Betrieb im 1. Quadranten

dann, die drei Steuerelektroden über vorgeschaltete Schutzwiderstände gleichzeitig durch Impulse zu steuern und diese um bis zu 120° el. zu verschieben. Man braucht dazu also nur eine einzige Phasenbrücke und einen einzigen Impulsgenerator. Volle Aussteuerung über nahezu den ganzen Bereich von 0 bis 100 % jedoch verlangt die Einzelsteuerung jedes Thyristors, wie das z.B. in Bild 3.8.2 gezeigt wurde. Ist eine Regelung verlangt, so muß der Regler den Steuerstrom für die Transduktoren liefern, wobei diese dann durch Ausrüstung mit mehreren Steuerwicklungen u.U. auch gleich die Aufgabe des Soll-Istwert-Vergleiches mit übernehmen können.

Wenn nötig kann natürlich auch das Feld des Motors durch eine Thyristorsteuerung geschwächt und so die Drehzahl erhöht werden. Wegen der großen Induktivität der Feldwicklung kommt man dann gewöhnlich mit einer einphasigen Gleichrichterschaltung und Freilaufdiode aus. Bei Verwendung eines halbgesteuerten Gleichrichters können jedoch die nicht steuerbaren Dioden gleichzeitig als Freilaufdioden arbeiten, was aus Bild 5.4.3 zu erkennen ist. Während des Nulldurchgangs der Spannung kann der Strom in den Feldspulen weiter fließen, wobei er sich über die Dioden des Gleichrichters schließt.

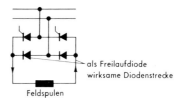

Bild 5.4.3 Steuerung des Erregerstromes durch Thyristoren in Brückenschaltung

als Freilaufdiode wirksame Diodenstrecke

Feldspulen

Betrieb in den übrigen Quadranten ist mit der halbgesteuerten DB-Schaltung nicht möglich, da diese nicht mit umgekehrter Stromrichtung und nicht als Wechselrichter arbeiten kann. Mit einer vollgesteuerten DB-Schaltung ist jedoch Bremsbetrieb wenigstens im IV. Quadranten möglich, was z.B. im Hebezeugbetrieb erforderlich ist. Der Strom kann den Anker nur in einer Richtung durchfließen, weil die Thyristoren die entgegengesetzte Stromrichtung sperren. Da der Anker jedoch beim Senken mit entgegengesetzter Drehrichtung umläuft wie beim Heben, so liefert er im Generatorbetrieb Strom in gleicher Richtung wie als Motor beim Heben. Der vollgesteuerte Gleichrichter nach Bild 5.4.4 kann dann als Wechselrichter arbeiten, wozu die Steuerimpulse der Thyristoren um mehr als 90° el. nacheilend verschoben werden müssen. Dadurch wird die Spannung in den einzelnen Phasen kleiner als die EMK des Motors, so daß die Energie in Richtung vom Motor zum Netz fließt.

Bild 5.4.4 Einquadranten-Antrieb mit Steuerung des Erregerstromes durch gegengeschaltete Thyristoren

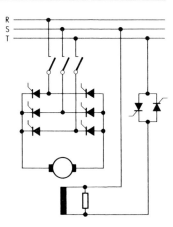

Wegen des Unterschiedes der Augenblickswerte der Spannung an den einzelnen Gleichrichterzweigen ergibt sich dabei ein Ausgleichstrom, der durch Drosseln begrenzt werden muß.

Umkehr der Drehrichtung läßt sich durch Umkehren des Stromes im Erregerkreis erreichen, z.B. mit zwei Thyristoren in Antiparallelschaltung, wie in Bild 5.4.4 angedeutet, von denen jeweils einer aufgesteuert wird. Da eine Freilaufdiode dabei für die eine Stromrichtung falsch gepolt wäre, verwendet man hier besser einen Widerstand parallel zum Feld.

Andererseits kann Umkehr der Drehrichtung durch Kreuzen der Anschlüsse des Ankers, also durch einen mechanischen Schalter erfolgen. Besser wird es jedoch in der Regel sein, auch die Drehrichtung des Motors elektronisch umzusteuern. Hierzu ist ein zweiter Gleichrichter für die umgekehrte Stromrichtung auf der Gleichstromseite erforderlich. Bild 5.4.5 zeigt diese Schaltung. Sie besteht aus zwei gegengepolten vollgesteuerten Drehstrom-Brückenschaltungen mit Drosseln zur Begrenzung von Ausgleichströmen. Beide Stromrichter können sowohl als Gleichrichter wie als Wechselrichter arbeiten, so daß Motorbetrieb und Bremsbetrieb für beide Drehrichtungen möglich ist, also Betrieb in allen vier Quadranten.

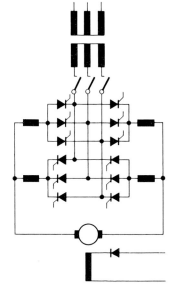

Bild 5.4.5 Gleichstromantrieb für Betrieb in allen 4 Quadranten

Für die Drehzahlsteuerung von Kleinmotoren wie z.B. Universalmotoren, die weder bremsen noch mit verschiedenen Drehrichtungen arbeiten müssen, genügt oft Steuerung durch einen Thyristor, also Betrieb mit Ausnützung nur jeder zweiten Halbwelle. Hierfür kommen die verschiedenen Schaltungen in Frage, die wir im Abschnitt 3 dieses Buches kennengelernt haben. Für beide Halbwellen kann man einen Gleichrichter vorschalten, wie wir das oben ebenfalls öfters getan haben. Schließlich kommt auch eine Steuerung mittels Triac (Bild 3.9.4) in Frage.

In Kürze muß aber noch etwas Grundsätzliches über die elektronisch zu steuernde Gleichstrommaschine gesagt werden. Die Elektronik liefert ihr ja je nach Aussteuerung eine stark pulsierende bzw. oberwellenhaltige Spannung. Da der Anker einer Gleichstrommaschine eine verhältnismäßig kleine Induktivität besitzt, läßt sich der Strom auch durch eine Frailaufdiode nur wenig glätten. Das bedeutet eine Gleichspannung als Mittelwert mit einer überlagerten Wechselspannung, deren Form überdies erheblich von der Sinusform abweichen kann. Dieser Wechselstromanteil erschwert jedoch die Kommutierung der Gleichstrommaschine sehr erheblich. Außerdem führt er zu Wirbelströmen in den verschiedenen Teilen der Maschine und also zu erhöhten Verlusten.

Aus diesen Gründen läßt sich ein Gleichstrommotor bei elektronischer Steuerung nur mit erheblich verminderter Typenleistung ausnutzen. Außerdem muß das Magnetgestell möglichst aus Blechen aufgebaut werden anstelle des sonst üblichen gegossenen Gehäuses

Steht als Energiequelle Gleichstrom zur Verfügung, so kann man eine Drehzahlsteuerung durch die Höhe der zugeführten Spannung durchführen. Hier kommt also z.B. eine Steuerung über die Impulsbreite in Frage, wie wir sie in Bild 3.6.8 und 3.6.9 kennengelernt haben.

5.5 Steuern von Drehstromantrieben

Die Drehzahl ist beim Drehstrommotor in bekannter Weise durch die Frequenz des speisenden Stromes und die Polzahl des Motors gegeben. Sie wird streng nur durch den Synchronmotor eingehalten. Wegen der Schwierigkeiten beim Hochlauf wird jedoch meist der asynchrone Drehstrommotor verwendet, dessen Drehzahl um einige Prozente unterhalb der synchronen Drehzahl liegt. Er "schlüpft" gegenüber dem synchronen Umlauf. Dabei wird in ihm eine dem Schlupf und der Leiterzahl entsprechende Spannung und Frequenz induziert. Der durch die Spannung in der kurzgeschlossenen Läuferwicklung erzeugte Strom ergibt zusammen mit dem magnetischen Feld das Drehmoment. Schwächt man ihn durch Widerstände in den drei Läuferphasen, so wird das erzeugte Drehmoment kleiner, so daß er die Last mit langsamerer Drehzahl durchzieht. Diese Möglichkeit der Drehzahlsteuerung macht man sich beim Schleifringmotor zunutze. Nachteilig dabei sind die Lastabhängigkeit der Drehzahl (Reihenschlußverhalten) sowie die Verluste in den eingeschalteten Widerständen.

Mit elektronischen Mitteln, wie wir sie in diesem Buch kennengelernt haben, lassen sich diese Nachteile praktisch ausschalten. Für Betrieb allein im ersten Quadranten ergibt sich so die verhältnismäßig einfache Schaltung nach Bild 5.5.1, die sogenannte Stromrichterkaskade. Man richtet die an den Schleifringen abgenommene Spannung gleich und formt die so erhaltene Gleichspannung über einen Wechselrichter in Wechselstrom von 50 Hz um, der über einen Trafo an das Netz zurückgeliefert wird. Es handelt sich hierbei also um einen Umrichter mit Gleichstrom-Zwischenkreis, wie wir ihn bereits in Bild 3.7.10 kennengelernt und besprochen haben.

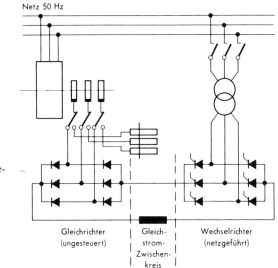

Bild 5.5.1 Drehzahlsteuerung eines Schleifringmotors über Thyristoren

Durch den Wechselrichter und seine Aussteuerung ist die Spannung im Gleichstrom-Zwischenkreis festgelegt. Damit wird dem Läufer des Motors eine bestimmte Spannung aufgedrückt. Er muß, da sonstige Stellglieder nicht vorhanden sind, seine Drehzahl daher so halten, daß die Schleifringspannung über den Gleichrichter die Gleichspannung im Zwischenkreis ergibt.

Hiernach muß der Wechselrichter also so ausgesteuert werden, daß sich im Zwischenkreis die der gewünschten Drehzahl entsprechende Spannung ergibt. Dafür ist eine weitere, in Bild 5.5.1 nicht gezeichnete Regelung erforderlich. Der Motor erhält auf seiner Welle noch einen kleinen Tachometerdynamo. Die von ihm gelieferte, von der Drehzahl des Motors abhängige Gleichspannung wird mit einer am Sollwertgeber abgegriffenen fremderzeugten Gleichspannung verglichen. Die Differenz der beiden Spannungen steuert sodann die Phasenlage der Impulse beim Wechselrichter, deren Frequenz durch die Netzspannung gegeben wird. Näher können wir hier auf diese Vorgänge nicht eingehen, zumal sie bei den Geräten verschiedener Hersteller auf verschiedene Weise bewirkt werden. Da die Drehzahl nur durch die Spannung im Gleichstrom-Zwischenkreis gegeben ist und diese nicht durch die Belastung des Motors bestimmt wird, behält der Motor bei jeder eingestellten Drehzahl Nebenschlußcharakteristik.

Es sind jedoch auch Verfahren entwickelt worden, um einen normalen Drehstrommotor mit Käfigläufer in der Drehzahl zu steuern. Das einfachste Verfahren besteht darin, daß man über Thyristoren die dem Ständer zugeführte Spannung ändert. Je kleiner die Spannung am Ständer ist, um so schwächer wird nach dem Induktionsgesetz das magnetische Feld des Motors. Bei gleichbleibendem Lastmoment müßte also der Strom im Läufer entsprechend stärker werden. Das aber ist nur durch Erhöhung der im Läufer induzierten Spannung möglich. Und um diese Spannung zu erhöhen, muß der Motor stärker schlüpfen, also langsamer laufen. Eine starke Erhöhung des Läuferstromes ist allerdings nicht zulässig. Daher muß bei niedriger Drehzahl das zulässige Drehmoment des Motors zurückgesetzt werden. Dieses Verfahren ist somit nur möglich, wenn das von der angetriebenen Maschine verlangte Drehmoment mit abnehmender Drehzahl stark zurückgeht. Steuerung über die Speisespannung kommt daher nur für kleine Leistungen in Frage, wofür man früher die Motorspannung durch einen Vorwiderstand erniedrigt hat. Gegenüber einem Vorwiderstand hat die Steuerung der Spannung durch Thyristoren allerdings den Vorteil, daß sie einerseits vom Motorstrom, d.h. von der Belastung unabhängig ist und daß die Verluste im Vorwiderstand vermieden werden.

Für größere Leistungen ändert man durch einen Umrichter die dem Motor zugeführte Frequenz. Das kann einfach durch Umrichter geschehen, wie wir sie bereits kennen. Ein erhöhter Aufwand wird jedoch erforderlich, wenn der Motor in beiden Drehrichtungen oder sogar in allen vier Quadraten arbeiten soll. Die hierfür angewandten Schaltungen sind ebenfalls bei verschiedenen Herstellern sehr verschieden, so daß wir uns hier auf das Grundsätzliche beschränken müssen. Bild 5.5.2 zeigt stark vereinfacht eine solche Schaltung schematisch. Sie erscheint im ersten Augenblick etwas verwirrend.

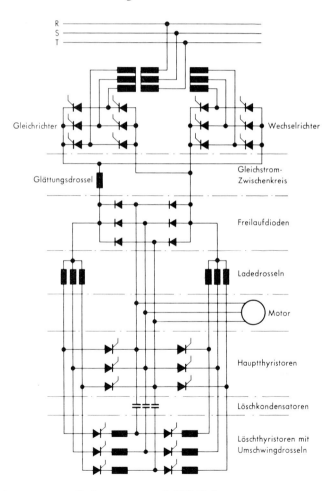

Bild 5.5.2 Thyristorgesteuerter Drehstrommotor mit Käfigläufer

5.5 Steuern von Drehstromantrieben

Wir haben hier wieder einen Gleichstrom-Zwischenkreis. Er wird über einen Trafo aus dem Netz über einen gesteuerten Gleichrichter gespeist oder kann über den Wechselrichter Energie an das Netz zurückliefern.

Im unteren Teil des Bildes sehen wir die Hauptthyristoren, die als Wechselrichter den Gleichstrom aus dem Zwischenkreis in Drehstrom einstellbarer Frequenz für den Motor liefern oder im Bremsbetrieb den vom Motor, der dann als Asynchrongenerator arbeitet, gelieferten Drehstrom gleichrichten. Die Hauptthyristoren werden gelöscht durch die Löschthyristoren mit Hilfe der Löschkondensatoren, wie wir das in ähnlicher Weise in Bild 3.6.5 für das Löschen bei Gleichstrom kennengelernt haben. Die Schaltung mit den Drosseln zum Wiederaufladen der Löschkondensatoren ist hier gegenüber der früheren Schaltung allerdings etwas abgewandelt. Die Freilaufdioden ermöglichen das Fließen des nacheilenden Blindstromes, den der Gleichrichter nicht liefern kann.

Bei stark herabgesteuerter Frequenz würde, wenn der Motor mit konstanter Spannung betrieben würde, nach dem Induktionsgesetz sein Magnetfeld im annähernd umgekehrten Verhältnis zunehmen. Um diese unzulässige Zunahme zu vermeiden, muß die Spannung des Motors im umgekehrten Sinn wie das Feld verändert werden. Das geschieht automatisch durch entsprechende Steuerung des Gleichrichters.

Die Anordnung als Ganzes erfordert, wie schon hieraus hervorgeht, eine recht umfangreiche Automatik im Steuerteil für die Thyristoren, deren eingehende Beschreibung in diesem einführenden Buch zu weit führen würde. Die Steuerung der Thyristoren hat zugleich nämlich noch weitere Aufgaben zu erfüllen, wie z.B. den Schutz der Thyristoren beim Außertrittfallen des Motors, die Begrenzung des Stromes u.a. Der Aufwand für die Steuerung eines Drehstrommotors mit Käfigläufer über alle vier Quadranten ist daher recht bedeutend, weshalb er wirtschaftlich erst für Antriebe von einer bestimmten Leistung ab vertretbar ist. Für kleine Leistungen muß es, jedenfalls bis heute noch, bei den Steuerverfahren mit Gleichstrommotor bleiben, wie wir sie als Beispiele im vorigen Kapitel kennengelernt haben.

Verschiedene Hersteller wenden jedoch, wie bereits erwähnt, verschiedene Verfahren für die Steuerung des Drehstrommotors an. Hierfür spielen allein schon Fragen eine Rolle, die sich aus der Patentlage ergeben, da jede Firma sich ihr Verfahren natürlich möglichst weitgehend durch Patente abdeckt, die eine Benutzung durch andere Firmen unmöglich machen.

So wird z.B. für den Wechselrichter auch eine Schaltung etwa entsprechend unserem Bild 3.7.6 in erweiterter Form für drei Phasen verwendet, die dann allerdings ebenfalls zu kompliziert wird, um auch Bremsbetrieb zu ermöglichen. Als Taktgeber für die abgegebene Frequenz – wir hatten dafür damals der Einfachheit halber das 50 Hz-Netz selbst benutzt – dient dann ein kleiner, mit steuerbarer Drehzahl betriebener Drehstromgenerator.

5.6 Analoge und digitale Steuerung

In Kapitel 5.1 hatten wir den Unterschied bereits kurz erwähnt. Die in diesem Buch behandelten Steuerungen beruhten darauf, daß ein Steuerbefehl in Form einer Spannung gegeben wurde, deren Höhe, soweit sie nicht von Hand eingestellt wurde, analog der zu steuernden Größe war. Dazu mußte eine nichtelektrische Größe durch einen Meßwertumformer in eine ihr analoge, also in der Höhe genau entsprechende elektrische Größe – in der Regel eine Spannung – umgesetzt werden. Steuerungen, die so arbeiten, nennt man analoge Steuerungen.

Eine Größe, gleich ob elektrisch oder nichtelektrisch, kann aber auch dadurch beschrieben werden, daß man sie mit einer Einheitsgröße gleicher Art vergleicht und dann angibt, wievielmal die Einheitsgröße in der gegebenen Größe enthalten ist. Man wird also die Einheitsgröße – z.B. einen Maßstab von 1 m Länge – an die zu messende Größe – beispielsweise die Breitseite eines Hauses – anlegen, das Ende der Einheitsgröße vielleicht markieren und die Einheitsgröße von hier aus nochmals anlegen. Das wiederholt man so lange, bis man mit der angelegten Einheitsgröße den Wert bzw. das Ende der gegebenen Größe erreicht hat. Dabei wird man zählen, vielleicht mit Umlegen des Fingers an einer Hand vermerken, wie oft man die Einheitsgröße an die gegebene Größe anlegen mußte. Bei unserem als Beispiel angenommenen Haus haben wir so vielleicht festgestellt, daß wir den Maßstab von 1 m Länge 15-mal anlegen mußten, bis wir an der Breitseite des Hauses entlang von einer Ecke an die andere kamen. Schließlich werden wir dann angeben, die Breitseite des Hauses sei 15 m lang. Das könnten wir festgestellt haben, indem wir abgezählt haben, wie oft wir einen Finger und wie oft wir alle Finger unserer Hände umgelegt haben.

Eine solche Messung durch Vergleich mit einer gleichartigen Einheit und Abzählen nennt man eine digitale Messung, vom lateinischen "digitus", d.i. der

5.6 Analoge und digitale Steuerung

Finger. Natürlich kann man in Wirklichkeit kaum einmal die Finger beim Abzählen gebrauchen. Das Bild der abgezählten Finger gibt jedoch ein treffendes Bild dieser Meßmethoden, weshalb man eben hierfür von einer digitalen Messung spricht.

Man kann nun das zahlenmäßige Ergebnis einer solchen digitalen Messung auch in einem Steuerbefehl zum Ausdruck bringen. Da die Zahl auf lateinisch "numerus" heißt, spricht man auch von einer "numerischen Steuerung", ebenso wie von einer digitalen Steuerung.

Beide Arten, die analoge wie die numerische Steuerung, haben ihre besonderen Eigenschaften, die jeweils für einen Fall von Vorteil, für einen anderen Fall von Nachteil sein können. Beide haben daher ihre Berechtigung nebeneinander. Die analoge Steuerung ist gewöhnlich einfacher. Sie bietet verhältnismäßig leicht Möglichkeiten für ein zusätzliches Eingreifen von außen oder überhaupt für die nachträgliche Einführung von Änderungen oder Zusätzen. Die numerische Steuerung gestattet dafür u.U. genaueres Steuern auf Grund einer genauer möglichen Erfassung der steuernden elektrischen oder nichtelektrischen Größe. Das wird besonders deutlich am Beispiel einer Drehzahlregelung.

Hierzu muß zunächst die tatsächliche Drehzahl der zu steuernden Maschine (Welle) gemessen werden, ihr "Istwert". Diesen Wert vergleicht der Regler mit dem verlangten Drehzahlwert, dem "Sollwert", und steuert dann die Drehzahl so lange nach, bis Istwert und Sollwert übereinstimmen. Eine solche Regelung ist natürlich um so genauer, je genauer der Istwert zu messen ist.

Bei der früheren Dampfmaschine geschah das mit Hilfe von zwei mit der Welle umeinander laufenden Gewichten. Die Fliehkraft trieb die beiden Gewichte je nach der tatsächlichen Drehzahl mehr oder weniger so weit auseinander, daß eine Feder gerade bis zu einem bestimmten Punkt gespannt war und der Fliehkraft dadurch das Gleichgewicht hielt. Das Dampfventil war nun so mit der Vorrichtung verbunden, daß es bei zu großem Abstand der Gewichte weiter schloß, so daß die Drehzahl also kleiner werden mußte, bei zu geringem Abstand aber öffnete, so daß die Dampfmaschine schneller lief. Hierbei wurde der Istwert der Drehzahl also durch die Fliehkraft der Gewichte "gemessen", während der Sollwert durch die Spannung der Feder gegeben war, bei der das Dampfventil gerade die richtige Öffnung hatte. Durch das stufenlose Öffnen und Schließen des Dampfventils war hier also eine typische analoge

Steuerung gegeben, die auf einer analogen Messung durch den jeweiligen Abstand der Gewichte voneinander beruhte. Sehr kleine Drehzahlabweichungen wirkten sich dabei natürlich nicht aus, weil dafür einerseits der Abstand der Gewichte vom kleinsten bis zum größten Abstand zu klein war, und weil überdies die Reibung sich in einer Ungenauigkeit auswirkte.

Heute wird oft eine sehr genaue Regelung einer Drehzahl verlangt, die daher auch eine sehr genaue Erfassung ihres Istwertes verlangt. Eine solche läßt sich ohne große Schwierigkeiten erreichen. Man bringt auf der zu regelnden Welle eine Scheibe an, die dicht an ihrem Rand eine Anzahl von Löchern enthält (Bild 5.6.1). Es mögen z.B. 100 Löcher sein (auf dem Bild sind weniger Löcher gezeichnet). Durch diese Löcher fällt ein Lichtstrahl auf eine Fotodiode, die über einen Verstärker soviele elektrische Impulse liefert, wie Löcher an ihr vorbeilaufen.

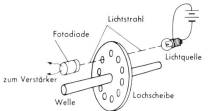

Bild 5.6.1 Gewinnung von Lichtimpulsen für digitale Drehzahlsteuerung

Der Sollwert der Drehzahl wird nun ebenfalls in Form von elektrischen Impulsen gegeben, z.B. mittels einer ebensolchen Lochscheibe, die durch einen eigenen Motor mit konstanter Drehzahl angetrieben wird. Die zu regelnde Welle muß nun durch den Regler so gesteuert werden, daß Istwert und Sollwert ihre Impulse ständig zur gleichen Zeit geben oder, was dasselbe ist, daß z.B. in einer Sekunde genausoviele Istwert-Impulse wie Sollwert-Impulse gegeben werden. Würde nun z.B. die zu regelnde Welle je Sekunde einen Impuls mehr geben, so würde das bei 100 Löchern eine Hundertstel Drehung je Sekunde zuviel bedeuten. Die Impulse würden dann nach 1/2 Sekunde also nicht mehr gleichzeitig Istwert und Sollwert verlaufen, sondern abwechselnd. Das ist natürlich leicht – sogar mit bloßem Auge – festzustellen, und so kann der Regler eingreifen, obgleich der Unterschied der Drehzahlen je Sekunde nur eine Hundertstel Umdrehung ausmacht. Mit einer analogen – auch elektrischen – Erfassung und Wiedergabe des Istwertes wäre eine solche Genauigkeit natürlich nie erreichbar.

Manche Größen lassen sich allerdings nicht ohne weiteres mit einer digitalen Messung erfassen. Eine Lichtstärke beispielsweise läßt sich nur analog messen.

5.6 Analoge und digitale Steuerung

Für eine numerische Steuerung müßte der Analogwert daher erst in einen Digitalwert umgesetzt werden. Dafür gibt es geeignete Umsetzer, ebenso wie umgekehrt für das Umsetzen eines Digitalwertes in einen Analogwert.

Es kann nun nicht eine Aufgabe dieses nur einführenden Buches sein, die technischen Einzelheiten für eine digitale (numerische) Steuerung wiederzugeben. Sie sind dafür zu vielfältig und erforderten wegen der ganz anderen Arbeitsweise eine Vergrößerung des Buchumfanges auf mindestens das Doppelte. Wer sich über dieses Gebiet näher informieren will, muß sich darüber ein einschlägiges Buch zur Fortbildung besorgen. Die digitalen Verfahren erfordern besondere Instrumente und Schaltungen, die eine Zahl von einigen Tausend Impulsen ohne weiteres erfassen und verarbeiten können, was mit dem Auge und auch mit mechanischen Zählwerken bei weitem nicht zu erreichen ist. Die Bauelemente, die für eine numerische Steuerung erforderlich sind, also z.B. Transistor, Thyristor usw., sind jedoch weitgehend die gleichen, wie wir sie mit ihren Eigenschaften hier kennengelernt haben. Sie werden nur in anderen Schaltungen und teilweise mit zusätzlichen Bauelementen kombiniert verwendet. Eine Fortbildung in dieser Richtung ist daher dem, der dieses Buch als Einführung studiert hat, sehr zu empfehlen.

Empfohlene Literatur

für die weitere Fortbildung auf einzelnen, im vorliegenden Buch nur angedeuteten Teilgebieten

1. *Praktische Elektronik.* Arbeitsblätter und Bauanleitungen für die überbetriebliche Lehrlingsunterweisung. Bearbeitet von Dipl.-Ing. H.A. Künstler und Dipl.-Ing. W. Oberthür als Schulungsunterlage des Heinz-Piest-Institutes an der Technischen Universität Hannover nach dem vom Bundeswirtschaftsministerium anerkannten Lehrplan. Richard Pflaum Verlag, München. DM 4,–.

   Erste, elementar gehaltene Einführung in die Elektronik mit Anweisungen für einen systematischen, behelfsmäßigen Zusammenbau von Experimentiergeräten. Die Leistungselektronik ist nicht mit einbezogen. Geeignet für Anfänger-Lehrgänge.

2. *Kleine Oszillografenlehre.* Von Harley Carter. Deutsche Ausgabe aus der populären Reihe der "Philips Technische Bibliothek". DM 12,50.

   Leicht verständliche Einführung in Aufbau, Arbeitsweise und Anwendungsmöglichkeiten des Oszillografen, Hinweise für das Arbeiten mit dem Oszillografen. Für Anfänger geeignet.

3. *Einführung in die Niederfrequenz-Elektronik* mit Anwendungsbeispielen aus der Steuerungs- und Regelungstechnik. Von Ing. B. Gruber. R. Oldenbourg Verlag, München. DM 19,80.

   Durch eingehende Anleitungen besonders geeignet als Einführung in die Praxis selbständiger Versuche ohne Verwendung eines Oszillografen, mit Betonung der wichtigen Bemessungsfragen. Beispiele für Kleinleistungs-Elektronik (el. Haushaltsgeräte u.ä.). Elementare Schaltungen für einfachste Steuerungs- und Regelaufgaben.

4. *Grundriß der praktischen Regeltechnik.* Band I. Von Dr.-Ing. Erwin Samal. R. Oldenbourg Verlag, München. DM 24,80.

   Empfehlenswerte Einführung in die Regeltechnik in anschaulicher Form, ohne große Ansprüche an mathematische Vorkenntnisse. Zahlreiche gute Beispiele zur Verdeutlichung des Textes. Nicht speziell auf elektronische Verfahren abgestellt, doch lassen sich die Methoden für die Leser der vorliegenden Einführung ohne Schwierigkeit in elektronische Methoden und Schaltungen übersetzen.

5. *Grundriß der praktischen Regeltechnik.* Band II. Untersuchung und Bemessung von Regelkreisen. Von Dr.-Ing. Erwin Samal. R. Oldenbourg Verlag, München. DM 30,–.

   Aufbauend auf Band I für Fortgeschrittene.

6. *Grundkurs der Regelungstechnik.* Einführung in die praktischen und theoretischen Methoden. Von Prof. L. Merz. R. Oldenbourg Verlag, München. DM 17,80.

   Für Ingenieure. Die behandelten theoretischen Grundlagen verlangen mathematische Vorkenntnisse.

7. *Digitale Elektronik.* Die Arbeitsweise von Logik- und Speicherelementen der Halbleiter- und Magnettechnik. Von Ing. Gerhard Wolf. Franzis-Verlag, München. DM 39,–.

   Führt nach teilweiser, kurzer Wiederholung der im vorliegenden Buch vermittelten Grundlagen in klarer, größtenteils leicht verständlicher Weise darüber hinaus in das Gebiet der Schaltungslogik und ihrer Anwendung in Zähl- und Rechentechnik – heute industriell wichtige Gebiete – ein.

Anmerkung:

Die vorstehende kurze Zusammenstellung wurde unter dem Gesichtspunkt getroffen, daß sie speziell den Lesern des vorliegenden Buches auf Grund der daraus gewonnenen Kenntnisse die Orientierung unter der zahlreichen einschlägigen Fachliteratur erleichtert und ihnen damit zweckmäßige Wege für eine Fortbildung in verschiedenen Richtungen aufzeigt. Die Auswahl bedeutet jedoch nicht, daß hierin nicht aufgeführte Werke weniger gut oder weniger brauchbar wären.

Hans J. Prieur
Taschenbuch-Automatisierungstechnik
für Planung, Beschaffung und Betrieb

1968. 547 Seiten, 488 Abbildungen, 72 Tabellen, 8°, Leinen DM 74,—

Aus dem Inhalt:
Allgemeine Einführung — Grundlagen, insbesondere graphische und mathematische Beschreibungsmethoden sowie allgemeine Literatur und Informationswesen — Planung vollständiger Automatisierungseinrichtungen für Industrie, Forschung, Verwaltung, Handel und Gewerbe — Beschaffung ganzer Anlagen und einzelner Geräte (Leitfaden für den Einkauf und für die Terminverfolgung) — Betrieb ausgeführter Anlagen und einzelner Geräte, einschließlich Installation und Wartung — Gerätetechnik unterteilt in Messen, Melden und Abgreifen von Größen und Zuständen, einschließlich Zubehör — Verstärken, Umformen, Verknüpfen von Signalen beliebiger Hilfsenergie und Formen, Bauelemente — Rechnen, Speichern, Programmieren mit Mitteln der Informationsverarbeitung — Anzeigen, Schreiben, Drucken von Meßergebnissen und Daten — Regeln, Rückführen, Vergleichen mit Mitteln der Regelungstechnik — Steuern, Stellen, Fernwirken mit Mitteln der Steuerungs- und Antriebstechnik — Sachverzeichnis — Anhang — Bezugsquellennachweis.

Programmierte Einführung in die Elektronik
in drei Bänden. Herausgegeben vom New York Institute of Technology

Die Grundlagen der Elektrizitätslehre

Ein programmiertes Lehrbuch
509 Seiten, 1902 Lerneinheiten, 335 Abbildungen, 3 Tafeln, Leinen DM 36,—

Die Grundlagen der Elektronik
Elementare Schaltungen und Röhren

Ein programmiertes Lehrbuch
524 Seiten, 2570 Lerneinheiten, 302 Abbildungen, 2 Tafeln, Leinen DM 38,—

Die Grundlagen der Elektronik
Transistoren und Transistorschaltungen

Ein programmiertes Lehrbuch
676 Seiten, 3141 Lerneinheiten, 353 Abbildungen, 1 Tafel, Leinen DM 42,—
Alle drei Bände zusammen DM 90,—

R. Oldenbourg Verlag, München und Wien